儿童财商教育模式探讨

朱永永 / 著

文化发展出版社
Cultural Development Press

图书在版编目（CIP）数据

儿童财商教育模式探讨 / 朱永永著. — 北京 ：文化发展出版社，2018.5

ISBN 978-7-5142-2280-7

Ⅰ. ①儿… Ⅱ. ①朱… Ⅲ. ①财务管理－儿童教育－研究 Ⅳ. ①TS976.15

中国版本图书馆 CIP 数据核字(2018)第 096172 号

儿童财商教育模式探讨

著　　者：朱永永

责任编辑：肖贵平　　　　责任校对：岳智勇
排版设计：杭州众书　　　　责任印制：杨　骏

出版发行：文化发展出版社（北京市翠微路 2 号　　邮编：100036）
网　　址：www.wenhuafazhan.com
经　　销：各地新华书店
印　　刷：北京建宏印刷有限公司
开　　本：880mm×1230mm　　1/32
字　　数：110 千字
印　　张：5
版　　次：2018 年 8 月第 1 版　　2018 年 10 月第 2 次印刷
定　　价：38.00 元
I S B N：978-7-5142-2280-7

前 言

财商是指一个人认识、创造和管理金钱（财富）的能力。财商（FQ）、智商（IQ）与情商（EQ）一道被称为现代经济人必备的“三商”。关于财商的系统学习与训练，就是财商教育。财商教育就是建立对待财富的正确态度，了解财富的运动规律，科学合理的运用财富实现人生的梦想。

对中国的孩子们来说，一年一度的春节，是一年中最美好的时光。不用上学，作业较少，还有来自亲戚朋友的压岁钱和其他礼物。随着物质生活日益富裕，孩子们拿到的“红包”越来越鼓。这段时间，也是对孩子们进行合理财商教育的绝佳时机。

一、中国孩子理财教育亟待加强

中国青少年研究中心和中国银行于2009年6月组成“少年儿童理财习惯培养课题组”，并于2009年10～12月对北京、上海、广州等10个城市3000多名三、四、五年级小学生及其家长、教师进行了问卷调查。

据调查结果显示，六成以上儿童每个月都有一定数额的零花钱。其中，17%的儿童表示零花钱刚好够用，超过53%的儿童表示够用并有节余，21.3%的儿童表示零花钱花不出去，三者合计达 91.7%。

对于多余的零花钱，2%的儿童表示会想办法花掉，近 54%的儿童会放在家里存起来，18.4%的儿童会存银行，25.7%的儿童会交给父母管理。

二、什么是财商

财商（Financial Quotient）最早是由美国作家兼企业家罗伯特·T.清崎（Robert Torn Kiyosaki)在《富爸爸,穷爸爸》一书中提出。

Financial 一词，在英文中译作“金融”；清崎的本意是“金融智商”；在传入中国后，被转译为“财商”；涉及范围也从“一个人在财务方面的智力”扩大到“一个人对所有财富（泛指所有资产，包括品牌、人脉、时间、技术、固定资产、流动资产……）的认知、获取、运用的能力”。它包括两个方面的能力：一是正确认识财富及财富倍增规律的能力（所谓的“价值观”）；二是正确应用财富及财富倍增规律的能力。

财商是与智商、情商并列的现代社会能力三大不可或缺的素质。可以这样理解：智商反映人作为一般生物的生存能力；情商反映人作为社会生物的生存能力；而财商则是人作为经济人在经济社会中的生存能力。

财商是一个人判断财富的敏锐性，以及对怎样才能形成财富的了解。它被越来越多的人认为是实现成功人生的关键。财商、智商和情商一起被教育学家们列入青少年的“三商”教育。

三、财商教育现状

目前，财商教育在中国教育体系中尚是空白，相当多的青少年学生在此方面存在严重问题。譬如：青少年学生中金钱至上的观点十分流行，做什么都要和钱挂钩，缺乏正确的财富观；花钱随意，盲目攀比，讲排场之风盛行，而且常常因此与父母严重对立；走上工作岗位的年轻人由于缺乏起码的理财知识，理直气壮地成了“购物狂”“月光族”“房奴”“卡奴”等；缺乏生存能力、创业能力，造成相当一部分青年学生毕业即失业等。可以说财商教育的空白已严重危及到了青少年的素质健康。

加强财商教育就是要教导青少年学生正确认识和掌握经济规律，规划人生，打理财富，使广大青少年学生得到一次深刻的心灵教育，培养其自立、自强和自信的基本素质。财商教育不仅教人如何创造、管理和使用财富，而且更重要的是要建立正确的人生观、价值观和财富观，树立美好的人生理想，养成良好的行为习惯，通过理财完成人生与财富的梦想。

四、财商教育不仅是金钱

发达国家财商教育的经验证明：良好的财商教育会培养孩子健康的金钱观念和消费习惯，对孩子的智商发展有巨大的帮助。丰富多彩的教育形式还可培养孩子的综合性格和学习能力，养成做事有计划、有目标、团结友爱、分享包容、感恩、独立生活强、有耐心、尊重他人等好性格、好习惯，并可改善和提高其家庭的幸福指数。

通过财商教育可以让青少年学生了解劳动的价值和父母工作的意义，学习生存和当家理财的本领，培养分享、互相关爱的精神，建立对家庭和社会的责任感。通过财商教育可以更好地解决广大青少年成长过程中就业、创业、理财、发展等许多问题，使广大青少年更加适应未来竞争的环境，有利于青少年学生健康成长、成才。

新一代的爸爸妈妈已经开始为孩子选择财商教育培训，并将其视为除学校学习之外最重要的课程。财商教育中心是专业从事儿童、青少年财商教育及百姓理财培训的教育辅助机构。经过师资团队不懈的努力和研究，设计出了依据不同年龄层特点和需求的系列性财商教育课程及财商周边商品。对于青少年财商培养目标是教孩子有关金钱的知识，更要教会孩子有关金钱以外的道德品质。

五、家长、孩子财商现状

对大多数成年人来说，如果你问他们："你小时候有没有接受过财商方面的训练？"估计大部分人都会说："没有。"

如果你再问一些父母："你对自己的孩子进行过财商方面的教育吗？"很多父母肯定也会给出同样的答案："没有。"

对父母来说，可能会在不经意的时候灌输给孩子们一些财商知识，但是他们很少在这方面给孩子一个系统、全面的讲解。

毕竟，很多父母自己对理财的知识也是一知半解，连自家的收入支配也大感烦恼，何况又怎么有精力给孩子"传道解惑"呢！大部分人只知道存钱和花钱是怎么回事，但是会理财的人实在太少了。如果仔细去研究极少数会理财的人，你就会发现，他们都曾花费过不少精力和财力去学习财商知识。

对整个社会来说，可能只有不到 1/10 的人真正意识到对孩子进行财商教育的重要性。如今，孩子们的物质要求基本上都能得到满足，家长们就算自己过得“抠门”一点，也巴不得把最好的全给孩子。然而，孩子的物质生活太过丰裕，他们就体会不到世事艰难，甚至到了成年都根本不懂怎么去财商。如果能有计划、有针对性地灌输一些财商方面的知识，那么，将来拥有正确财富观念的人才会越来越多。

这些观念没什么特别之处，但是对孩子特别重要。家长有时候不屑于花时间培养孩子这种良好的理念和习惯，等孩子反其道行之，危害性就来了，才晓得最简单的教育其实是最必要的教育。总之，对中国的父母来说，财商教育是一种新型的教育。

目　录

第一章　儿童的财商教育

一、财商教育对儿童的重要性

财商是一个人认识金钱和驾驭金钱的能力，是一个人在财务方面的智力，是理财的智慧。它包括两个方面的能力：一是正确认识金钱及金钱规律的能力；二是正确应用金钱及金钱规律的能力。

理财的重要性人人都知道，但不少人错误地认为理财是成人的事情，其实理财应从小培养，正确的理财观念不是一朝一夕形成的，所以，从小培养儿童健康的理财习惯非常重要。

一个十三岁的女儿央求妈妈购买韩国女子组合的演唱会门票，售价是1600港币，妈妈问她原因，她说其他同学都去，所以她也想去见识一下。这是她人生第一次去演唱会，她说会用自己的零用钱。妈妈没有立即答应她，而是让她去探访一位80岁身患恶疾的老街坊，那个人正靠政府援助过生活。探访前妈妈写了三个问题，要求她在探访后回答：第一，伯伯生活如何？第二，为什么会如此生活？第三，如何保障自己和家人以后的生活。探访后，她意识到了储蓄及理财规划的重要性。看到一个十三岁的儿童，能为自己的渴望定下储蓄目标，也知道理财规划的重要性，妈妈当然很满意并放心让她快快乐乐地享受她的目标成果。

大人不能用自己的价值观来教导儿童，而应从儿童的角度考虑，一步步给他们灌输正确的理财知识，由此可见要教育儿童并不是容易的事。因此，需要融合心理学、教育学、财务知识于一身的儿童财商教练，为儿童的成长担当重要角色。所以孩子自小在财商耳濡目染下，渐渐有了稳固的财商根基。

儿童理财的习惯也是一样，从小学习会认识到金钱的用处，但如果没有认真了解金钱背后的好处和坏处，只知道有钱就可以处理所有事情，那种概念就会慢慢在他的潜意识里留下来，孩子的行为和习惯会强化他的自我暗示。很快，这个在脑海里的系统循环便会变成他的性格，就好像写出的笔迹一样，不容易更改，可能影响儿童的一生。

当儿童还小的时候，他们完全没有理财观念，父母传递的信息就变得很重要了。儿童在日常生活中接受父母给予他的生活态度、金钱价值观的培养，累积经验后，从意识层转到潜意识层，变成他个人的一种思维。最后，他亦会通过同样的方式来规范他的行为。

对儿童来说，很多时候他们并没有充分的计划。财商教育对他们来说是一个新的概念，家长有没有给他们零用钱的计划呢？应给多少零用钱呢？他们有没有规划一下零用钱怎么使用呢？这些问题都需要家庭教育给儿童培养一个良好的习惯。

二、各国都十分重视儿童财商教育

很多国家都十分重视儿童的理财教育，这种教育甚至渗透到了儿童与钱财发生关系的所有环节之中。尽管社会背景存在着差异，但这些理财教育的独到之处是值得借鉴的。在此跟大家分享几个常见国家在儿童理财教育上的经验。

1. 美国：让儿童学会自立。美国人认为，在现实社会中，一个人的理财能力直接关系到他一生的事业成功和家庭幸福。美国父母希望儿童早早就学会自立、勤奋、厘清与金钱的关系，把理财教育称为“从 3 岁开始实现的幸福人生计划”，让儿童学会赚钱、花钱、与人分享钱财。他们鼓励儿童从小就靠工作赚钱，并教导儿童通过正当的手段赚取钱财。通过各种切合实际的金钱教育，美国儿童基本具备了很强的独立性、经济意识以及经济事务上的管理和操作能力。

2. 英国：能省的钱不省，愚蠢。在英国，政府已决定从 2004 年 9 月起教导儿童如何理财，善用金钱。虽然这些课程暂时不会列入强制性的学科，但可以看出儿童理财能力的培养在国外已经逐步受到重视。同时，儿童储蓄账户在英国越来越流行，大多数银行都为 16 岁以下的儿童开设了特别账户，有 1/3 的英国儿童将他们的零用钱和打工收入存入银行。

3. 日本：自力更生勤俭持家。日本人讲究家庭教育，他们主张儿童要自力更生，不能随便向别人借钱，主张让儿童自己管理自己的零用钱。日本人教育儿童有一句名言：“除了阳光和空气是大自然赐予的，其他一切都要通过劳动获得。”许多日本学生在课余时间都要在校外打工赚钱。在日本，很多家庭每个月给儿童一定数量的零用钱，家长会教育儿童节省使用零花钱以及储蓄压岁钱。而在给儿童买玩具时，无论高收入的家庭还是低收入的家庭，都会告诉他们玩具只能买一个，如果想要另一个的话就要等到下个月。在儿童渐渐长大后，一些家长会要求儿童准备一个记录每个月零用钱收支情况的账本。

4. 犹太人：更重视智慧与责任。犹太人从小就注重财富的教育，尤其对教育的投资更是世界闻名，他们会送给刚满周岁的儿童股票；儿童 3 岁的时候，他们的父母就开始教他们辨认硬币和纸钞；儿童 5 岁的时候，让他们知道钱币可以购买任何他们想要的东西，并且告诉他们钱是怎样来的；儿童 7 岁的时候，能看懂价格的卷标，以培养他们钱能换物的理财观念；儿童 8 岁的时候，教他们可以去打工赚钱，把钱存在银行的账户里；儿童 10 岁的时候，懂得每周节省一点钱，以备大笔开支使用。

犹太人的理财教育中最为重要的是关于钱的最核心理念，那就是责任。儿童知道钱是怎么来的，也就更进一步地知道了节俭。不光要节俭，还要懂得付出、懂得慈善、懂得理财。

要训练儿童理财，其实无外乎两个方面内容：一是正确认识金钱，二是正确使用金钱。父母可从日常生活教育着手，在他们对金钱的认识和使用过程中，养成既正确又一生受用的理财观。最后也是最重要的，是要让儿童明白金钱只是生活中重要的一环而非全部，盲目地追求更多的金钱，并不意味着更加幸福。同时，也得教育他们除了要节俭以外，还要懂得付出、懂得行善，才会成为真正富有的人。

第一节　幼儿园的财商教育经验谈

在我国，人人见面吉祥话语说得特别多，比如说“恭喜发财”，是人们时常挂在嘴边的词语。然而，发财并不是要靠祝愿和说，而是要依赖“财商”。人们都常常说“别让孩子输在起跑线上”，不要认为这句话是针对孩子学习成绩的。现状看来，作为一个人驾驭财富的能力，即智商、情商和财商，只有这“三商”高的孩子，才能赢得自己精彩的人生。

一、幼儿园财商教育的重要性

根据儿童心理学专家指出，幼儿园的孩子们对金钱的兴趣是与生俱来的，早期的金钱教育对儿童树立一个正确的、积极的金钱观，形成良好的理财习惯与技巧有着不可估量的潜在作用。社会的发展需要他们具备理财知识，才能在社会上立足，才能赢得精彩的人生。理财，也要从娃娃抓起。

游戏中我们在教孩子认识人民币时，不仅让孩子认识数字，而且让他们领悟到祖国山河的美好，从钱上了解历史人物和历史故事。同时让孩子明白钱到底能做什么？能用作什么？怎样去使用？比如说，给孩子一定面额的钱，在家长或者老师的陪同下，让他们买自己喜欢的东西，让他们渐渐地知道生活中有钱这样一种流通物，通过给别人一些钱，就可以买到自己想要的东西，如果没有钱，自己什么也得不到，让他们从中体会到有钱的快乐和喜悦。

让孩子渐渐地明白生活中离不开钱，什么都需要钱，如果他们没有钱，就会哭着喊着向大人索取。所以说，幼儿园应该开展财商故事会，如《金钱岛》《所罗门的宝藏》《阿里巴巴和四十大盗》等故事，激发孩子对金钱的兴趣，告诉孩子金钱就是一面镜子，既可以照出人间的温暖，也可以照出人间的善良与邪恶。有的时候，我们也可以让孩子自己当一天的“小主人”，让孩子亲身参与到理财中来，通过他们一天的独立生活，让他们学习到如何安排好自己的开支，也体谅到大人的不容易，培养他们生活的独立能力，树立节约意识。

二、在生活中和游戏中有效地开展财商教育

对幼儿园的孩子进行金钱教育时，最关键的是让孩子懂得财富是靠劳动所创造的，一句名言说得对："除了阳光和空气是大自然赐予的，其他一切都要通过劳动获得。"这就说明幼儿园教育的要点是：遵循循序渐进的原则，对不同年纪的孩子有不同的教育计划。

比如说，通过应用娱乐性和游乐性对孩子进行财商教育。对于小班的孩子，我们可以让孩子分辨纸币和硬币，让他们逛超市，应用金钱来买卖；对于中班的孩子，我们可以应用童话故事打开孩子们的金钱之门，比如说《小狗钱钱》《逃跑的瓜瓜》《节俭的小熊》《理财高手酷酷仔》等，在潜移默化中给孩子许多理财的知识；对于大班的孩子，我们可以通过超市、银行等，让他们了解到钱到底能做什么用，让他们自主地决策买哪些东西是合理的，哪些不应该去买。

当孩子认识数字之后，我们就要让他们清楚地认识钱上的数字、符号、人物等。这样慢慢地渗透到教学中。例如，元、角、分的应用：一支铅笔 1 角，一个小狗玩具 3 元，一个皮球 5 元，我有 10 元，买了这些，还剩多少？通过这样的计算，就能让孩子对于金钱的交易有了一个深刻的认识。

三、家园合作从小培养孩子的财商

幼小孩子财商的教育是一项极为细致和庞大的系统工程，社会、学校和家庭在其中扮演着不可或缺的替代角色。尤其是孩子们的家庭，对于孩子理解理财观念起着至关重要的作用。财商与智商、财商与情商是生活中必备的素质，家庭的影响将

在孩子财商的形成过程中有非常关键的作用。只有家庭理顺了理财的观念和方法，才能让孩子在理财的认识上高人一等。

钱是人们用辛劳和汗水换来的，当每一个孩子都能明白这一点的时候，他们对金钱就会萌发花钱的意识，我们可以针对他们的好奇心，综合数字的概念，与孩子们一起玩金钱游戏，让孩子明白金钱不仅可以买到自己需要的东西，还可以直观地让他们了解货币、物品之间交易的过程。

我国的传统观念都是在孩子的生日或者春节给“压岁钱”，很多的孩子能得到许多的金钱。这个时候帮助孩子学习支配，是让孩子学习理财的重要一步。由于他们的年龄比较小，经验还不丰富，知识结构比较少，金钱观念弱，很难避免任意和盲目。我们就可以开展孩子的思想教育，讲压岁钱的意义，它的来源，怎样去合理地应用压岁钱等，教育他们管好钱、用好钱，培养孩子的自立意识。同时也让他们明白钱的来之不易。

在商品经济发达的现代生活中，理财能力是人们生存的关键。对正在成长的儿童来说，学会理财，不仅让他们知道如何利用金钱，更是为了让他们学到我们教育的目的，培养他们理财的真正意图。对于国家，关系着如何培养驾驭未来经济的人才，适应未来经济的需要。很多年以来，理财教育是我们对教育的盲点，现在，我们应该补上这一课，从孩子做起，让我们共同努力认识理财，做好理财。

在当今经济发达的社会，理财能力也是人们必不可少的能力之一，在一定程度上理财能力就是生存能力。所以对财商的培养也至关重要，因为，财商与人的智商、情商同样重要，是现代社会人的基本素质中的一部分。孩子的家长们有可能有这样的感觉，培养孩子的花费越来越高，一方面是家长在拼命地挣钱培养自己的后代，另一方面是孩子花费方法令家长担忧，他们花钱的速度比自己的挣钱速度还要快，家长这种担忧是一种现实，甚至有的家长感觉养一个孩子很吃力。所以说，让孩子学会理财，减轻父母的负担对我们来说是多么重要。从幼儿园起就对他们进行理财教育，将会影响他们的一生。让孩子一生中能够衣食无忧的最好方法不是留给他们金钱，而是留给他们良好的理财方法。

四、儿童财商教育的启发

（一）形成正确的理财价值观

幼儿园的孩子已经具备了一定的判断能力，他们的价值观也已经开始形成，可以说是一个黄金期，他们的可塑性强，我们要充分利用这一时期的教育进行理财能力培养，对以后养成良好的行为习惯有着很重要的意义。

（二）幼儿要科学开展理财教育

外国的理财教育已经很先进，可我国还跟不上其步伐，我们应该在幼儿时期就要设置专门的理财教育课程，可以通过不同的形式对孩子进行财商培养，增强孩子们的理财观念。

（三）幼儿园与家庭协调配合进行理财教育

财商教育除了幼儿园的教育以外，其家庭教育也是重要的场所，家长的理财与孩子的理财能力培养更为直接，家长要积极配合学校的教育。比如，幼儿近期上了关于理财的课程，可以通知家长，让家长与孩子进行一定的实践学习，这样，更能让孩子接近金钱。这比在幼儿园模拟或者只是简单的说教更为直观，孩子更能理解。所以，幼儿园一定要与家庭联合起来，形成家校一体的教育方式，逐步培养孩子的理财能力。

五、儿童财商教育的操作方法

（一）知道钱是怎么来的，用途是什么

1. 上好理财课。在幼儿园，对孩子的理财教育最好的方法是上好理财课，可以利用一些小故事对他们进行浅显的教育，比如，这样的书目有《穷宝贝，富宝贝》《小狗钱钱》《神探贝妮》《威力哥哥与金融行动》等，在对其中的情节教育时，把理财教育单独拿出来进行教育。在小班或者中班，就可以告诉他们什么是“买”，买会给我们带来什么，拿着钱可以换回我们要吃的、换回我们想用的。还要教会他们认识钱的面值等。

2. 多班级的内部的小活动。可以定期举行一些理财能力培养的小活动，让家长给孩子很少的一部分钱，最好是几元几角的小钱，再给他们一些可以用的、可以吃的带到幼儿园，让孩子们学会用自己手中的钱买对方的用品，也可以教会他们充分利用手中的钱，不可以大手大脚地花，而是有所预算，让他们在活动中形成理财的技能。

（二）适当给孩子报酬并指导其用好零花钱

1. 家务劳动费的赚取与运用。老师给孩子制订一定的家务劳动任务，培养孩子的爱劳动精神，并通知家长配合孩子给以一定的报酬。比如不同的家务劳动有不同的报酬：哪些是属于个人生活的，如学习用品的整理、袜子的清洗；哪些是属于整个家庭公共的，如扫地、洗碗、倒垃圾等。个人生活部分的是自己必须要完成的，可以给以少量的钱财或者不给，但是家庭公共事务可以多付报酬，还要做好报酬记录。

2. 与大班的孩子讨论月零花钱的分配。每个孩子的月零花钱是不一样的，而且花的去向也不尽相同，如果与他们一起讨论月零花钱肯定是有趣的事情，借此可以进行花钱教育。经过一定的讨论，让他们可以向家长申请零花钱，申请了得到大人的许可，尽量不要透支，否则可以借用下月的钱，但下月将多花的钱扣除，这样可以培养孩子节约的好习惯。

（三）形成记账的管理方法

记账可以让自己的钱财花得明明白白，可以查询，可以分析，也可以有计划地分配接下来的花钱，这样有利于孩子形成有计划花钱的好习惯。

1. 制订花费计划。比如，幼儿园的老师带孩子到一个公园去游玩，让孩子花自己身上的零用钱，但必须是在老师的监督之下，要求每个孩子花钱不能多于多少。对游玩行程和花销金额预算，这样做的目的就是帮助孩子形成有计划、有意识的理财习惯。

2. 可以给孩子开一个属于自己的账户。我们国家有少部分银行允许未成年人开设自己的账户，如果不方便，可以让家长用自己的用户名替孩子开一个临时账户。用这一账户可以存钱，也可以取钱，当然更可以进行一定额度内的证券投资、基金申赎或其他投资，可以让孩子尝试小额投资。

综上所述，在幼儿园阶段对孩子进行理财教育是现代经济社会的需要，有利于孩子们及早地形成理财意识，只有这样，才能形成较好的理财能力，更好地适应以后的社会发展。我们也应该注意，在对孩子进行理财教育时，绝不能让他们形成那种以金钱为中心的观念，应该教育他们用钱要取之有道、用之有道。

第二节　儿童财商教育日益受重视

数字 100 市场研究公司针对孩子财商教育的一项调查数据显示，逾 7 成的受访家庭的孩子每月都有零花钱，其中不到 1 成的家长从来不过问零花钱的用途；而对于用不完的零花钱，44%的家长则主张把钱存放在家中；面对孩子的理财教育，大部分受访家长觉得非常重要，而对于孩子早期的财商教育，71.7%的家长仍以帮助树立孩子正确的金钱观为主要目的。

一、财商教育应从娃娃抓起

在传统观念中，未成年之前，孩子应该与金钱保持距离。可随着社会经济的发展，儿童是否应该接受财商教育成为一个重要的课题摆在家长面前。从本次调查中可以看出，超过 6 成的家长每月都会给孩子零花钱，但仍有近 4 成的家长不会给孩子零花钱。在给孩子多少零花钱方面，超过 5 成儿童的月零花钱在 50 元以下，月零花钱在 100 元以上的“大款”则有 10.5%；而家长学历越高，每月给孩子 100 元以上零花钱的比例也越高。究其原因，可能是高学历家长收入会比较高，他们更认同给孩子零花钱的多少，决定于家庭收入和父母的理财观。

传统的财商观念也许成了孩子们成长的一种羁绊，对此家长却可能毫无意识。数据 100 数据显示，40.4%的家长会主动给孩子零用钱，34.8%的家长或长辈会在孩子生日或者节日的时候给钱，26%的家长会随着孩子，孩子要了就给；只有不到三成的家长会以学业奖励或与孩子劳动所得的方式而给予零用钱。相对来说，爸爸主动给予或者孩子要了就给的比例偏高，方式比较随意，而妈妈则会有所控制。

数字 100 数据显示，对孩子零用钱消费的合理性方面，逾 6 成的家长信任自己的孩子，认为合理，孩子能比较清楚自己花过的钱；其余 3 成的家长则对孩子的消费认为不合理，觉得是一笔糊涂账；1 成的家长则表示茫然，不清楚。从孩子的角度看，大部分孩子则比较会管理自己的零用钱，对自己没花完的零花钱的处理方式主要集中在放在家里保存（44.0%）或者交给父母管理（24.6%）及存入银行（18.8%），继续花完的比例仅占 1 成。数字 100 分析师认为，让孩子学会对零用钱的支配，对他们成人以后的生活和理财十分重要。

二、树立正确金钱观成为现阶段家长财商教育的最重要目的

数字 100 数据显示，超过 8 成的家长认为理财教育非常重要，在本次调查中，首先家长对孩子进行财商教育最主要的目的是帮助孩子树立正确的金钱观，占比 71.7%；其次是培养孩子的理性消费观，占 63.1%；最后是让孩子懂得珍惜劳动成果的占 59.4%。由此可以看出，大部分的家长对孩子早期的财商教育还是希望孩子能树立正确的金钱观、价值观，从小养成良好的理财行为习惯以及培养财富修养等。

然而，关于对孩子的财商教育内容方面，家长也有不同的想法，其中 73.9%的家长认为财商教育要让孩子知道合理用钱，69.8%的家长则需要让孩子懂得通过劳动创造财富的道理，39.9%的家长则希望孩子知道存钱的道理，另有 20.9%的家长则想让孩子尝试投资。不管用何种方式，教孩子“认识”钱、“掌

握”钱、“赚到”钱以及投资理财是家长将健康的理财观种植到孩子的头脑中的循序渐进的方法。

据数字 100 调查显示，68.6%的家长认为需要孩子自己在实践中领悟，68.3%的家长认为需要自己来教导，32.5%的家长则认为需要通过学校教育，而有 11.3%的家长则赞同银行、保险等专业金融机构的培训，另有 7.8%的家长则会寻找专门的理财培训机构对孩子进行培训。总体而言，大部分的家长还是希望与自己的孩子互动，并在亲子教育的同时帮助孩子学习规划梦想、管理人生，由于目前我国的儿童财商教育还比较空缺，所以，只有小部分的家长认为需要找专门的机构对孩子进行理财培训。

在经济化的全球发展下，越来越多的成年人陷入经济困境。这更提醒我们，早教育，早进行系统性的理财教育，将是孩子一生的财富。被问及“如何对孩子进行财商教育”时，近 7 成的家长会让孩子尝试通过劳动而获取报酬的方式，53%的家长则会把压岁钱或者他自己挣到的钱交由孩子自行支配，32.7%的家长则会引导孩子进行一项投资，值得关注的是，32.6%的家长会引导孩子参与一些公益捐助活动，教育孩子分享财富。

当今社会越来越开放，具有全球化视野的新一代人不仅会影响这一代人的生活品质和幸福感，更会影响到一个国家的未来兴盛与实力。数字 100 分析师认为，对财商教育的重视，并不意味着赤裸裸地追求金钱，财商教育是教会我们为了获得幸福而懂得牺牲，不要害怕吃亏。中国教育也应尽早意识到财商教育对孩子健康成长以及社会发展的重要性，力助孩子们成为建设性的一代。

第三节 儿童理财教育的误区

当下，越来越多的家长开始关注理财教育，希望培养孩子正确的财富观，但又不知道该怎么做。零花钱怎么给？压岁钱怎么处理？孩子做家务该不该给钱？……一系列与“钱”有关的话题困扰着每一位家长，他们想跟孩子谈“钱”，却又不知该如何谈起，在此背景下，儿童理财教育教学工作的开展必须对儿童理财教育误区加以重视，将理财教育的意义进行拔高。

儿童理财教育虽然是国家教育发展的大趋势，不过很多教师及家长感觉“理财应该是大人的事情，与儿童无关，无须进行理财教育与理财”。还有一部分人认为，“理财教育对儿童影响巨大”，片面地抬高了理财教育的重要性，并提出了“财商教育”理念。实际上，儿童理财教育观念早在10年前就已经提出，早期称为“消费教育”，后来出现过“经济素养教育”“金钱观教育”“利育”等概念，近些年有人将“财商”引入理财教育中，于是出现了“财商教育”的概念。虽然概念发生了改变，但“财商”观念的引入也在一定程度上提高了我们对理财教育的理解。不过，有人不断夸大了儿童财商教育的作用，这种做法并不可取。

一、理财教育设计缺少前期研究

理财教育课程的设计者缺乏对儿童经济生活的了解与认知，也没有做过有效的研究。经调查发现，我国儿童存在财富两极分化现象，多数学生的生活都被家长包办，基本没有必要的经济活动；多数儿童对自己的消费行为非常认可，但是教师却给出了较低的评分；儿童的消费观与消费行为存在矛盾，虽然他们都认为节约是一种美德，但是实际生活中却从不节约。导致这种现象的原因有很多，只有提高理财教育的针对性才能够进一步改善这种状况。

二、对家庭配合的理财教育途径不够重视

理财教育牵涉到经济问题，这不仅是一个敏感问题，而且是私人的事情，比如是否给零花钱？如何给？如何管理零花钱和是否尝试投资等，学校很难干涉。所以，学校在理财教育实施中要得到家长的配合与肯定，因此，学校要帮助家长改变理财教育观念。

有的家长受自身观念的影响，喜欢用自己的方式教育儿童，也就是“和学校唱反调”。比如，学校鼓励儿童掌握有一点零用钱，但这些家长害怕孩子有零用钱后乱花钱、沾染坏习惯，所以干脆不给，用“堵”来解决问题。

学校希望家长监督孩子用好零用钱，但是部分家长认为“孩子想怎么花钱就怎么花，无须节俭”，这就导致孩子养成了乱花钱的坏习惯。

很多家长存在功利主义教育，只重视孩子学习成绩，根本不重视理财教育与素质教育。比如通过理财与功利教育的相结合，用金钱吸引儿童刺激其努力学习，有的家长认为儿童理财教育就是让儿童赚钱等。

家庭及家长对儿童的理财教育起着至关重要的作用，上述家长的理财教育观都会影响儿童的理财观，若单靠学校，肯定无法达到预期效果。

三、引导儿童走出理财教育的误区

首先，为儿童树立正确的理财观念，完善理财教育设计工作。家长及教师要为儿童培养正确的理财意识，树立科学的价值观及金钱观。教师及家长要让儿童明白金钱可以购买食品与玩具，提高儿童对金钱的理解。另外，要适量发配零花钱，帮助儿童制订消费及储蓄计划，从而培养儿童的理财能力。除此之外，教育工作者要深入基层，了解当前儿童理财教育现状，根据两极分化情况，做好理财教育模式的针对性研发，提高理财教育设计的有效性，为儿童树立正确的消费观念与消费意识。

其次，做好儿童年龄段的划分，有针对性地进行引导。不同年龄段的儿童心理特征存在差异。在幼儿阶段的儿童教育中，要坚持“教育要从娃娃抓起”的观念。理财引导也要从婴幼儿开始做起，但由于婴幼儿还没有与他人交流的能力，因此，在日常生活中家长可以带着儿童适当进行一些初级、简单的理财活动。例如，以模拟交易的形式和儿童买卖东西，还可以带儿童到商场、超市，通过购买儿童喜欢的东西，使儿童明白金钱的好处与用途，帮助他们掌握获取东西的途径。对于学龄段儿童，要给予适量的零用钱，并且每周发放一次即可，之后要告知儿童用法与存储方法，让儿童体会到花钱买东西与存钱的自豪感，让其掌握交易与储蓄的基本方法。对于学龄段儿童，家长要通过沟通的方法为儿童制订零用钱规划方案，让儿童掌握赚钱与自己花钱的乐趣，从而为其树立正确的理财观念。

再次，指导儿童合理使用零用钱。当前很多学生都有或多或少的零用钱，但鉴于儿童年纪尚小，需要家长引导其建立良好的消费习惯，防止出现盲目攀比的现象。所以，家长要在维护儿童尊严的基础上，引导其合理花钱，降低干预力度，激发儿童的理财管理欲望，培养儿童的理财能力。

最后，要正确地引导家长配合学校展开理财教育。由于家长与学校理财教育的矛盾性，导致了理财教育效果大打折扣。因此，学校可以多次举办家长座谈会，为家长普及儿童理财教育的正确方法、理念、误区，帮助家长摒弃传统的错误理财教育方法，使家长愿意携手学校同步展开理财教育教学活动，提高理财教育的效果。

面对儿童理财教育的误区，家长与学校双方应该共同联手，为学生树立正确的理财观与消费观，帮助儿童掌握理财规划与管理的能力，让儿童明白金钱来之不易，从而提高儿童的理财意识，为其未来的发展奠定财富基础。

第四节　财商教育有步骤

美国理财专家埃丽卡·桑德伯格认为，帮助孩子学习理财，需要把握一些基本的时间线，这样才能循序渐进，不错过每一个培养孩子财商的最佳时机。

一、3 岁：练习等待

这个年龄的孩子应该学会等待，培养耐心。方法：简单的延迟满足训练。告诉你的孩子，你会给他一块饼干，但如果他多等 10 分钟，就可以得到两块。鼓励他选择多等 10 分钟。

孩子的收获：明白耐心等待往往能得到更好的结果。

二、4 岁：学数数

你的孩子可能还无法了解金钱的意义，但他已能可以很好地数数了，有些甚至能掌握简单的加法。方法：每周向孩子介绍一种新的硬币。当他认完所有硬币以后，给他一堆面值各异的硬币，让他数数一共有多少钱，或是让他练习从一堆钱里把特定的硬币全部找出来。

孩子的收获：认识硬币，学会简单的加法。

三、5 岁：拒绝不合理要求

这个年龄的孩子开始学会相互攀比了，我们要学会拒绝孩子的要求。方法：告诉孩子“我不可能给你买所有你想要的东西，所以你只能选择最重要的”。当孩子看中两样东西的时候，只能让他选一个。

孩子的收获：买东西是需要花钱的，你无法得到所有想要的。

四、6 岁：发放零花钱

为他们提供零花钱，这就意味着：当他们想要什么东西时，可以自己决定如何存钱来实现目标了。方法：每周给孩子一定数量的零花钱。做法是几岁的孩子就发几元。

孩子的收获：想要得到什么东西，必须弄清它值多少钱，并学会储蓄。

五、7 岁：长大以后做什么

在这个年龄，老师会问孩子：“长大以后想做什么？”因此，这是和孩子谈论未来职业的最好时机。方法：问问孩子，他未来想做什么工作，并告诉孩子你的工作内容，向他解释你在工作中承担什么责任，为什么选择这样的工作。

孩子的收获：人们工作是为了赚钱，但可以尽量选择自己感兴趣的事情作为事业。

六、8 岁：了解成本

孩子所掌握的加减法足以让他轻松了解金钱的来源和去向了。方法：从现在开始，在你支付账单的时候，让孩子坐在身边，让他帮着做一些简单的记账工作，或者把一些数字加加减减。

孩子的收获：成年人必须支付账单，但只要有足够的收入和积蓄，付账就不是问题。

七、9 岁：开一个存款账户

孩子已有足够的自制力，这是给孩子开立存款账户的最佳年龄。方法：带孩子去开户，在里面存上 30 元，但不要让他随意取款。如果他想要花一大笔钱，让他先来征得你的同意。告诉他，如果他想存款，你随时可以带他去银行。孩子每存一元，考虑给他一元作为奖励。

孩子的收获：攒钱太有趣了。

八、12 岁：示范理智购物

当孩子进入青春期时，他们应该学会理性购物。家长应该告诉他们，什么时候可以购买便宜的商品，什么时候应该购买高品质的商品，以及如何判断商品的品质。方法：带着孩子去购物，向他们展示价格便宜的商品和同类的高品质商品，告诉他们如何分辨两者的差别。当你选择便宜的那件，解释原因；当你选择更贵的那件，告诉孩子为什么。

孩子的收获：价格并不是做出消费选择的唯一标准。做出聪明的选择比仅仅选择好的或者选择便宜的更加重要。

九、14岁：让孩子去工作

孩子开始和朋友出门玩，花费更多钱购物，零花钱开始不够用了，是时候让他们为了挣到零花钱而工作了。方法：寒暑假可以通过打小工，让孩子感受自己挣钱的能力，以及花自己钱的自由。比如，如果你的孩子想要一件120元的毛衣，告诉他：你必须做一个月的家务活。

孩子的收获：必须通过工作来获得想要的东西。

十、16岁：找到平衡

高中阶段，孩子会非常繁忙：运动、课外活动、学业压力……是时候教会孩子如何在压力下找到玩乐与学习的平衡了。方法：你可以腾出一个下午，泡杯热巧克力，做点饼干，和孩子一起整理一下他的日程表。看看他的日程安排够不够科学，谈谈他应该如何处理压力，如何放松自己。

孩子的收获：了解每个人都有极限，失去了生活的平衡，得不偿失。

十一、18岁：研究贷款

在孩子进入大学或工作之前，他需要对贷款有个全面地了解。方法：一起坐下来研究孩子的学生贷款，和孩子讨论他是否有能力承担这样的经济负担，以及你们是否愿意为他们提供帮助。了解学生贷款的种类和金额，制订储蓄和还款计划。

孩子的收获：了解贷款知识，承担起作为一个成年人应该承担的责任。

第五节　四招提高你的财商

生活中常有这样的现象：有的人智商很高，聪明绝顶，才高八斗，但他们却时常入不敷出，捉襟见肘，不时债务缠身，精神跟着经济同步紧张。偶尔他们虽也有大笔的收入，但不善划算，任性挥霍以自娱，最终千金散尽，依然上无片瓦，下无立锥之地。究其原因，是因为他们有智商，有情商，但缺乏财商。缺乏财商的具体表现有以下几种：①热衷购买新款商品的吃光用光型；②摆阔之后又极度渴望存钱的进退两难型；③忙得几乎没有时间制订理财计划的无头苍蝇型；④心理上惧怕理财，甚至觉得财产管理是件麻烦事的有心没胆型。另外一种就是盼望自己的财产能够不断升值，甚至把自己的每一分钱都拿去投资的狂热财迷型。

要改变这些弊端，就需要对财商有一个充分的认识，并掌握一些提高财商的技巧。

财商(Finacial Quotient)是指一个人在财务方面的智力，是理财的智慧。很多人虽然拥有很高的教育水平，却缺乏一些最基本的理财知识。因此,大多数时候，我们不是缺少钱而是缺少一种观念。

财商是一个人最需要的能力，也是最被人们忽略的能力。可由此见，一个漠视财商的人，一定是现实感很差的人。

财商包括两个方面的能力：一是正确认识金钱及金钱规律的能力；二是正确应用金钱及金钱规律的能力。

财商并不仅仅是人们现实的唯一能健康发展的智能，而且是人为观念和智能中的一种，当然是非常重要的一种。财商常常被人们急需，也被忽略。财商不是孤立的，而是与人的其他智慧和能力密切相关的。

财商不是什么高深莫测的东西，它像其他知识一样，可以通过后天的专门训练和学习得以改变，改变你的财商，可以连动地改变你的财务状况。

当然提高财商也不是一件容易的事情，需要坚持不懈地学习，寻找到适合自己的方法，并以家庭财务为基础进行实践。这样才能做到一箭双雕，即提高了财商，又增加了财富。

第一招：建立家庭财务档案。建立家庭财务档案是提高财商最简单而非常有效的基础性工作，也是理财的第一步，这样能使你的家庭财务清晰明了，遇到问题就不会像“热锅上的蚂蚁——团团转”。

“家庭财务档案”，最好分为以下五个部分：

第一，就是我们常说的账本，记录一切日常收支，以便发现家庭消费中的盲点和误区。

第二，贵重物品发票档案本，包括家庭中购置的各种电器、贵重物品的发票、合格证、保修卡和说明书等；一旦遇到质量事故，购物发票是维权的重要保证，可以在很大程度上挽回经济损失。

第三，金融资产档案本，将存折、股票、债券、保险等的原始资料记载入册，万一遭遇存单遗失或被盗时，可及时查验并挂失。

第四，珍贵物品档案本，包括家里的金银首饰、珠宝玉器、名人字画以及具有特殊纪念意义的贵重物品。

第五，证件档案本，类如家庭成员的户口簿、身份证、毕业证、从业资格证书，房产证等，这些证件的妥善保管能消除很多不必要的麻烦。

第二招：时时记账。家庭财务账本一般由三个部分组成：资产(包括金融资产与实物资产)、负债、资产净值。

编制前要做些准备工作，如核对账目，做好财产计价，对存单、证书等也要拿出来逐一盘点，以免遗漏丢失，保证数据准确。

理财记账本可采用收入、支出、结存的“三栏式”，方法上可将收、支发生额以流水账的形式顺时逐笔记载，月末结算，年度总结。同时，按家庭经济收入（如工资收入、经营收入、借入款等）、费用支出（如开门七件事、添置衣服等费用）项目设立明细分类账，并根据发生额进行记录，月末小结，年度作总结。

千万不要嫌记账麻烦，它可以非常准确地检查出你的家庭收支是否健康，消费有没有存在误区，能够直接提高记账人的财商。长年累月的记账能使家庭人员对自家的经济收、支及其结余情况心中有数，因此，能起到鼓励人们积极组织家庭收入的作用。同时又能使家庭成员本着先收后支、量入为出的原则，有计划地、合理地安排开支，节省费用。

第三招：学习金融知识。财商中的有些方面是不需要学习的，如建立财务档案和记账，但有些东西是必须通过学习才能提高的，如金融知识和最新的理财技巧等。当然，学习金融知识并不一定要上大学，在家里轻松看电视、阅读书籍、报纸、杂志，或上网浏览专业网站也可以补充这方面的知识，还可以向有理财知识的朋友请教，或参加一些理财方面的活动。

在平时生活中主要多注意银行、保险、基金等方面的新闻，你的财商神经就会慢慢绷紧，对理财的认识也是逐渐提高。

不过，在看书、杂志等的时候，不要什么都看，一些没什么内容却很会制造噱头的书不看也罢，针对自己的需求来选书，例如，想全面了解个人理财就不妨到书店有目的地选择几本书，不要被书店里摆在显眼位置的五花八门的畅销书所诱惑，尽量做到有针对性的阅读。

第四招：规划理财。当你对自己家庭财务状况一目了然的时候，当你对金融市场有一定认识的时候，你就应该制订一套适合自己家庭的理财计划，按照短期理财目标（如一年后要买房，准备足够的购房资金）、中期理财目标（如三年后要生孩子，准备好孩子教育资金）和长期理财目标（如 20 年后退休，准备好养老基金）来合理安排资产。如果你实在没法制订这样完善的理财规划，可以请专业的理财师帮你完成。

有了一套完善的理财规划，你得积极参与到投资理财的实践中去，在实践中提高财商比任何“模拟”的学习的效果都要好。

刚刚开始进行投资理财时，最好启用家庭的闲置资金，投资一些风险比较低的理财产品，或在专家的指导下投资自己能够承担起的风险性理财产品。

当然，投资理财规划需要根据家庭每年的财务状况变动进行修改，每次修改都是对你财商的考验，也是促进你的财商登上新台阶的催化剂。千万要记得定期修改理财规划，别让自己的计划落后，更别让自己的财商下降。

第二章　财商教育新模式

财商教育最终的目的，不该仅仅是为了增加个人财富。更重要的是使孩子们有足够的智慧去善用资源，为自己、为身边的人，以至于为整个社会谋求最大的价值与幸福。

这个火热的暑假，有一群孩子经历了一次特别的成长之旅——那就是通过招商银行的“金葵花”亲子财商成长营，成长为一名“小小理财家”。

8月的一天下午，招商银行总行营业部的贵宾厅里迎来了不一样的主角，他们是24位“金葵花”客户的子女。在来自台湾的儿童财商教育专家形式新颖而生动的引导下，孩子们很快进入角色，开始主动学习理财知识并参与到理财游戏中。

据了解，这个夏天，除了招行的各地网点，还有学校、社区和企业，一共将举办超过1000场少儿财商体验课程。这是招商银行进行公益性儿童财商教育的第三个年头。三年中，从尝试到深入，招商银行在儿童财商教育的理念和模式上仍在不断探索创新。

一、做专业务实的财商教育

近年来，儿童财商教育已经得到社会越来越广泛的认同和实践，专门从事财商教育，或者将财商教育纳入课程体系的教育机构不断增多。但是，由于金融知识和理财活动的专业性，人们也意识到，仅仅是一些抽象的名词概念，或者是单纯的理念讲授，是远远不够的。

“现在，孩子接触金钱或者投资的场合，已经很多了，这方面的教育是非常有必要的，但是即使作为家长，我们也不能肯定某些理财的知识或者观念对不对，我们本身也缺乏这样的系统教育，”一位家长说，“所以，选择这方面的课程或活动的时候，我们就会更加谨慎。”

从一开始，招商银行就对亲子财商成长营的课程质量要求非常严格。所以，招行不仅悉心收集客户的需求和意见，发挥自身在金融专业上的特长，而且还特别重视儿童的学习规律和心理，与美国、我国台湾等地优秀的儿童教育专家和心理学专家，共同研发集趣味性、互动性、教育性于一体的财商教育课程体系，推出了紧密结合实践的子女财商培养成长课程。

二、做贴近孩子的财商教育

在招行佛山分行的课程现场，老师用生活中最常见的事物让孩子们认知什么是钱、什么是价值、什么是“需要”和“想要”，然后又用四个可爱的卡通角色，分别代表储蓄、理智、消费、分享，形象地让小朋友们理解了理财投资中的几个重要元素，以及报酬和风险的关系。这些看似抽象的话题，因为有趣的形式，在孩子们那里变得轻松明了。

每堂课最让孩子们兴奋的，莫过于投资理财的体验游戏了。孩子们用游戏纸钞作本金，自愿选择理财品种，模拟预期收益，经过几个回合的盈亏，着实过了一把小小理财家的瘾：保险、股票、基金，这些生涩的名词，然而在游戏中变得和孩子们最熟悉的游戏道具一样平常了。

无论是环境的布置——从音乐、色彩再到形象，还是课程的形式——从教材、游戏再到银行体验，“金葵花”亲子财商成长营都尽可能地体现出对孩子的了解和亲近。

三、做与成长相关的财商教育

除了专业务实和贴近儿童以外，招商银行似乎更加强调“成长教育”。

在最后的深度课程中，除了学习理财知识和游戏体验，更加让孩子们受益匪浅的是团队协作的环节。在老师的带领下，孩子们要分成不同小组共同完成以物易物、点钞大赛等任务。在这个过程中，他们从彼此陌生到互帮互助，从懒散到团结，从独有到分享。活动结束后，孩子们相互留言，依依不舍。他们不仅收获了珍贵的友谊，还有个人心智的成长。

“招商银行开展的财商教育，我们将其分为两个层面：第一层面是培养孩子们认识、创造和管理财富的能力。这是获得幸福人生最基础的技能，其意义在于培养孩子的投资眼光，使他们可能获得财富的自由。”招商银行总行业务总监、零售金融总部常务副总裁刘建军这样诠释道，“而第二个层面，就是我们的独特之处，我们是要培养和帮助孩子建立正确的金钱价值观，让孩子不仅学习如何去赚钱，而且更重要的是让孩子修炼在跟钱打交道时候的那颗心。”

现实太多案例表明如果缺乏对孩子进行第二个层面的相关教育，将来当他们面对生活中的各类财务挑战时，会非常迷茫，甚至在关键性问题上做出错误的选择。而财商教育最终的目的，不该仅仅是为了增加个人财富，更重要的是使孩子们有足够的智慧去善用资源，为自己、为身边的人，以至于为整个社会谋求最大的价值与幸福。

这或许也是招商银行坚持将儿童财商教育专业化、长期化的深入诉求吧。

第一节　孩子需要“财商”教育

“在现代社会，财商和情商、智商一样重要。”中国教育科学研究院博士、亚太经合组织经济与金融素养项目协调人王燕说，“经济与金融素养教育、社会与金融素养教育、创业教育等，都是财商教育。”

“君子爱财，取之有道”，但孩子们大多都不知道钱从哪里来。王燕和孩子一起参加了招商银行的“金葵花”亲子财商成长营活动后，有诸多体会，“很多家长让孩子努力学习考上好大学，将来谋个好工作，多赚钱，能够好好生活，但事实上很多学生是在毕业之后才意识到就业与挣钱的严峻挑战。如果孩子从小就懂得钱的价值，知道钱从哪里来，如何通过创业理财等方式获得钱，就业时的心态就会坦然多了。”

“随着人民生活水平的提高，财富增加了，未来社会经济化、商业化程度越来越高，经济与金融会成为现代人工作中必不可少的一部分。”王燕认为，从低龄阶段培养孩子的经济与金融素养有助于他们更好地适应未来社会环境，提高生存技能。毫不夸张地说，未来金融能力低下的人就如同现在不能读写和不懂计算机一样，无法参与到现代的社会和经济生活中来，进而增加自己的金融福利。

一、树立正确的金钱价值观

“当今社会很多不规范现象都是不择手段，过度地获取金钱，比如腐败。”中央财经大学中国公共财政与政策研究院地区经济与金融成长研究中心主任孟祥轶认为，儿童理财教育使孩子们能够树立正确的金钱观、人生观和价值观，懂得以正当且有效的方式获得金钱，有助于培养孩子良好的品格，并且进而推进健康的社会风尚。

二、不同年龄段的孩子要提供不同的金融教育

近年来，发达国家十分重视金融教育，而且把金融教育作为国家战略，贯穿到初等、中等和高等教育的整个体系中，以改善整个民族的金融素质。为什么会如此重视金融教育？

“低储蓄高消费，过度消费，入不敷出，曾是美国金融危机的一个诱因。”据王燕介绍，在 1997 年亚洲金融危机之后，经济合作与发展组织就开始研究金融教育和金融能力；在 2008 年金融危机之后，英美等发达国家更是大力推进金融教育，而俄罗斯等国家也投入大量人力、物力来推广金融教育，以期达到增进民众金融素质能力进而集聚金融财富、促进金融体系安全运行等目的。

“对不同年龄段的孩子要提供适合其智力和生活经验的金融教育内容，关键是要教给他们一个概念，并让他们去尝试。”招商银行总行业务总监刘建军认为，对孩子的财商教育分为两个层面：第一个层面是培养孩子们认识、创造和管理财富的能

力。这是获得幸福人生最基础的技能，也是最重要的技能之一。其意义在于培养孩子的投资眼光。第二个层面，就是要培养和帮助孩子建立正确的金钱价值观，让孩子不仅学习如何去赚钱，更重要的是让孩子修炼在跟钱打交道时候的那颗心。

第二节　培养孩子的财商

在国外，财商教育一般都是从娃娃抓起的，比如美国，在小学就有明确的理财教育目标，比如说 7 岁要能看懂价格标签，8 岁要知道存钱，9 岁能制订开销计划等。相比之下，我们的孩子，则过多沉浸在书堆和玩具里，衣来伸手饭来张口，零用钱到手后，往往是呼朋引伴直奔小卖部，钱在手上还没焐热就不见了。不少家长反映现在的孩子完全不知道珍惜家长的劳动成果，花钱大手大脚，也不懂得节俭。尽管零用钱月月调高，但孩子还是每月哭穷、要钱，让人不能理解。

1. 李先生　（教育心理专家）

从心理学的角度来说，要培养孩子的理财兴趣，关键在给予孩子“正强化”，即让孩子通过理财尝到甜头。孩子通过理财获得的收益，家长可以让孩子自由支配，让其购买自己需要的物品，这样孩子对理财也就会有更大的兴趣。另外，根据情景和孩子的接受能力，适当教一些生意经，用最小支出获得最大收益，对培养孩子的财商是有好处的。不要刻意制造特殊情况或者等待最恰当的时机，要学会利用日常生活中的点点滴滴。

禁止孩子做一些不应该做的事。例如，无节制地购买小点心、小玩意和学习用品，以及一拿到钱就马上花光，不等打折的时候再消费等。

陪孩子一同外出购物，告诉他们在消费的过程中应该有哪些步骤。当然，父母应该是率先遵守“游戏”规则的。日常生活中的很多情况下都可以用来教会孩子形成良好的消费习惯，例如如何挑选、购买食品和衣物，如何选礼物，在采购之前先研究一下商品目录，注意广告宣传，以及权衡家庭预算等。

2.杨老师

财商与智商、情商一样，都是人的一种基本素质。建议家长从以下 6 个方面，对孩子进行教育：

（1）每周发给孩子零用钱后，帮孩子制订计划。消费时，让孩子自己掏钱支付，让他们学做预算。切记不要在孩子的请求下，为他支付一些不必要的开支或者替他填“赤字”，否则孩子永远学不会合理开支。

（2）发给孩子一个记账本，要求孩子每日记录零花钱的用途、时间。家长每周审核，对孩子开支的合理性进行必要的指点。

（3）教育孩子珍惜物品，不浪费。让孩子懂得所吃、所穿、所用来之不易，随意浪费是不珍惜劳动果实、不尊重劳动的表现。让孩子经常参加劳动，体会劳动的艰辛。

（4）教孩子学会积累。孩子手里的零用钱、压岁钱应计划使用，适当积累。让孩子在存钱、用钱的过程中养成节俭的好品质。

（5）教孩子懂得量入为出。要让孩子明白，花钱必须有经济来源，花钱要看支付能力如何。即使家庭经济富裕，也要坚持前面提到的三条标准。

鼓励有能力的孩子在假期去兼职打工，或在家中做“有偿家务”，让他们自己处理“打工”收入。这样，孩子能体会到挣钱的不易，花起钱来自然不会大手大脚了。

3. 青青妈

在孩子成长的过程中，我对孩子的财商的培养是比较重视的。我对孩子进行理财教育是要让孩子知道：金钱和物质不是天上掉下来的，是靠辛勤劳动换来的，通过财商教育，让孩子体验劳动获得金钱的不易，让孩子学会合理支配金钱，让金钱在孩子的生活中处于合适的位置。

在和孩子一同购物的过程中教孩子看价钱。并且清楚地让他们知道，这个东西的价钱过于昂贵所以你不能买；怎样买比较划算；告诉孩子，货比三家不吃亏；以及要有购物预算等概念。 另外，在付款的时候，可以把钱交给孩子请他支付；孩子大一些，可以到便利超市买酱油、盐的时候，请孩子帮忙跑腿，偶尔把找回来的零钱给孩子当奖励，不过次数别太频繁，如果养成孩子一定有奖赏才肯帮忙的习惯就不好了。

为孩子开立银行账户，教孩子储蓄。一般先从存扑满开始，但当扑满已经有不少的存款时，不妨带孩子一起到银行去开设一个属于他的存款账户，而且最好让孩子保管自己的存款簿，如果不放心，也清楚地让孩子知道你将簿子放在哪里。有了这个账户后，不管存钱或是领钱，最好都让孩子全程参与，借此使其明白银行的功能，并教孩子看懂存款账簿。

借钱给孩子，培养贷款观念。可以适度地“借钱”给孩子，让他有借钱、还钱、并支付利息的观念。这时最好请第三者当仲裁人，让其约定如何还款、何时还清等，最好以借据形式记录下来，使孩子了解到借钱、还钱的重要性，培养其责任感。

4. 志凌妈

大约从孩子 5 岁开始我就给孩子零花钱，孩子长大一些时，就让他共同承担家庭的财务目标，了解家里为什么存钱，怎样把钱攒多，又怎样合理地花钱。对孩子进行财商教育有以下 4 点很重要：

（1）宜早不宜迟。培养孩子勤俭理财要从早抓起，不能让孩子养成“大手大脚”的习惯后再来抓。从早抓起孩子容易接受，因为此时的孩子头脑中对如何花钱还是“一张白纸”，未受到外界的不良影响；再就是收效快，孩子从小培养起来的勤俭理财信念，一般不易动摇，比已成“败家子”后再去抓的难度小。

（2）切莫放过小事。培养孩子合理消费、勤俭理财，既要从长远着眼，又要从日常小事着手。要从一个玩具、一件学习用品、一双鞋袜、一顿饭菜等具体事情上教育孩子勤俭节约，用较少的钱办较好的事。对孩子的某些过高欲望和要求，一要适当遏制，二要从正反两个方面讲清道理，使孩子心服口服。

（3）家长以身作则。一般来说，在孩子十二岁以前，每天 2/3 的时间是和家长在一起度过的，因此家长对孩子的影响很大。家长的以身作则主要在两个方面：一是言。就是要阐明你的观点，告诉孩子如何自食其力，勤俭节约。如果你是一个勤劳俭朴的家长，还可将孩子带到你工作的地方，让他亲眼所见；二是行。家长要为孩子做出榜样，使孩子时时处处生活在那种浓厚、健康的理财气氛中。假如家长一味追求吃喝玩乐，孩子又怎能不跃跃欲试呢？

（4） 方法得当。一是适当控制孩子的购物欲望。对虽然要求合理，但并不紧迫的，可暂缓一下。二是让孩子参与一些家庭经济活动，让其知道钱是怎样辛苦挣来的，怎样才能合理、科学理财。三是引导孩子学会花钱，比如同样是交通工具，快慢差不多，坐公交车比“打的”省钱。通过这样算账，可以培养孩子自觉做到少花钱、多办事，树立正确的消费观，养成勤劳节俭的习惯。

亲身体验是教育孩子理财的最好办法，这样的锻炼越早越好。锻炼孩子财商的工具有很多，比如储蓄罐、模拟基金定投、游戏等，其中让孩子学会开列银行账户和懂得比价是相对较重要的。储蓄是理财的第一要务，开列账户能让孩子懂得，钱如果不花掉，是能生钱的。可以给孩子开列银行账户，将零用钱和压岁钱都存入银行，孩子们将懂得：控制消费是有收益的。不同存期的利息是不同的。不同品种的收益也是不同的。而对比和决策则是孩子更需要掌握的素质，通过购物、投资等方式，让孩子们懂得：同类商品不同品种和功能，价格不一样（如电器）；完全相同的产品，因购买地不同，价格也会不一样（如不同店铺之间）；同种商品，购买时间不同，价格不一样（如打折期）；服务和包装也是价格的一部分，也需要购买。只有亲身体验，孩子才会提出问题，养成对理财的兴趣。

一、记账的传统

中国人对记账好像有天生的不屑，账房先生的形象总是不太正面。记账带给孩子更多的是自我反省的意识，通过对每笔花销的记录，让孩子逐渐明白哪些钱该花，哪些钱不该花。王永庆当年把子女放到海外念书时，要求子女写家信时报告花了哪些钱，才能得到生活费。记账的目的是让孩子学会自我管理，如果孩子懂得自我管理，知道该怎么花钱，可能给他留 50 万元就足够了；但如果孩子不知道该怎么花钱，可能给他留 1000 万元都是远远不够的。

二、再富不能富孩子

王永庆作为我国台湾地区首富，一生勤俭节约，据他女儿回忆，他喝咖啡时有一个习惯：把奶精倒入咖啡后，会再倒入些许咖啡到装奶精的小盒子里，将残留奶精涮出来再倒入咖啡，确信没有浪费后，才慢慢地享用。这样的习惯也深深影响了下一代，女儿成为台湾女首富后，开的车还是旧的丰田凯美瑞，用的记事本是 5 元左右的。很多高速公路的交通事故多发生在平坦路段，就是因为人们对隐性的风险往往更疏于防范。有的富裕家庭认为给孩子多买个包或多买辆车不会影响家庭财务状况，殊不知“由奢入俭”比“由俭入奢”难得多，挥霍习惯一旦养成，就会永无止境，再多财产也会被消耗一空。从防范风险的角度说，富裕家庭比贫困家庭更需要懂得节俭。“再穷不能穷孩子”，是指我们在贫困时应重视教育的美德。但等富裕后，就应改成“再富不能富孩子”，孩子们的节俭习惯，需要家长抓住每一个细节去培养。

三、自己赚钱杜绝不劳而获

会省不如会赚，从小让他们用自己的行动赚钱，既能让孩子懂得财富来之不易，也能让孩子知道赚钱必须靠自己付出努力。巴菲特从小就学着自己赚钱：5 岁卖口香糖，并拒绝一位女顾客只买一片不买一包的要求。后因为汽水利润高而改卖汽水。10 岁卖二手高尔夫球。12 岁开始送报纸。1944 年，14 岁的巴菲特拥有了 1000 美元储蓄额。

四、价值观比价值更重要

我发现有的家长有两个倾向：要么单纯拜金，让孩子觉得什么问题都可以用钱解决；要么鄙视金钱，觉得金钱会污染孩子纯洁的心灵。犹太人是公认的最能赚钱的民族，前美联储主席格林斯潘、投资家索罗斯、纽约市市长兼彭博资讯创办人布隆伯格、美国国际集团前董事长格林伯格等都是犹太人。但很少有人注意到犹太人在文化知识方面也有杰出贡献，弗洛伊德、爱因斯坦、大卫·李嘉图也都是犹太人，至今已有百余位犹太人成为诺贝尔奖得主。犹太人对后代的教育很有意思，一方面，他们强调自己没有祖国，金钱就是他们的祖国；另一方面，他们教育孩子，最大的财富就是知识，只有知识才是别人无法夺走的财产。父母在培养孩子的财富观时，需要让他们明白，只有主动靠近财富，财富才会靠近他们。同时更要让孩子明白，世上有很多东西比金钱更重要，比如爱、知识、快乐、给予……

第三节　激活孩子的财商

开启财商之门需要一把钥匙：向左转动，开启财商三识；向右转动，激活身体财富密码。这把钥匙的名字叫“金钱”。不和孩子谈钱，不让孩子挣钱和管钱，财商之门永远打不开。

财商和智商、情商同样重要，启蒙的关键期都在 0～12 岁。中国父母忽视财商，遇到钱的话题总是绕着走，绕过财商去开发智商和情商。其结果呢？孩子要么成为财务自然主义者，要么被钱牵着鼻子走或对钱无能无知。

人生路上，如果“智、情、财”三商高，孩子自然前景好；如果“三商”缺一，因财商低就会导致命运不济。

中国文化“重财轻钱”，见面问候语是“在哪儿发财呢？”拜年时只说“恭喜发财”，从不说“恭喜发钱”；春联横批只写“财源滚滚，财源广进”，从不写“钱源滚滚，钱源广进”。

为什么我们中国人大张旗鼓地说“财”，却偃旗息鼓地说“钱”呢？

如果仔细研究一下“财”字，就会发现古人把财商智慧藏在了“财”字里。“财”字从“贝”从“才”，“贝”代表钱，古代用贝壳做货币。一个人要想有钱，必须有才干，先诚意、正心、修身；一个人要想“发财”，必须靠劳动，靠真才实学，方能齐家、治国、平天下。

财商智慧从哪里来？从劳动中来，从创造中来。美国财富大亨巴菲特5岁时买口香糖遇到钱，钱打开了他的财商之门。14岁前，钱历练了他的经营、管理、选择、投资，以及人际交往的多种能力。瑞典宜家的创始人英格瓦5岁时卖第一盒火柴遇到钱，钱激活了他的财商智慧。17岁前，钱让他找到了发现和满足他人需求的财富之道。

钱一旦开启财商之门，便顺理成章地打开智商和情商之门。美国孩子入学前，就开始学习做生意。这并不是父母需要他们赚钱，而是父母有意把孩子放在和钱财、物质、人打交道的平台上，让孩子自己体验、摸索和钱、物、人打交道的方法和技巧，为孩子将来事业的成功奠定基础。

绕开财商，只开发孩子的智商和情商，等于把孩子的财富智慧锁在大脑里。锁上财商，“三商”缺“一商”，人生难顺当；

如果“三商”鼎立，人生路上，自有信心和勇气。

和孩子谈钱越早越好。以钱为媒介，帮孩子激活多元智能的身体密码；以货币为载体、以超市为课堂、以吃穿住行为载体、以世界版图为财富版图，鼓励孩子探索、体验、创造性地求知和学习；带孩子走出家门、校门和国门，增长学识、见识和胆识。

财商绕不开，也躲不开，因为金钱天天来敲门，孩子天天遇到钱带来的思考、困惑和烦恼。激活孩子的财商，让孩子在和钱相遇中找到做人的尊严、良知和智慧。

第四节　财商教育在国外

“财商”一词的提出者罗伯特·T.清崎曾说过：“财商与你挣了多少钱没关系，它是测算你能留住多少钱以及能让这些钱为你工作多久的指标。换句话说，如果随着年龄的增长，你的钱仍然不断地给你带来更多的自由、幸福、健康和人生选择的话，那么意味着你的财商在增加。”如果你真正理解了这些定义，你就会发现：我们培养孩子财商的目的绝不是想让他们成为拜金主义者，而是让他们懂得正确认识金钱以及如何运用金钱的规律，去创造财富，使自己能够过上富足、自由的生活。国外对孩子进行财商教育的做法值得我们学习和借鉴。

一、犹太人让孩子延后享受

犹太人财商教育最重要的一点，是培养孩子延后享受的理念。所谓延后享受，就是指延期满足自己的欲望，以追求自己未来更大的回报。这也是犹太人成功的最大秘诀。

他们会告诉孩子："如果你喜欢玩，就需要去赚取你的自由时间，这需要良好的教育和学业成绩。然后你可以找到很好的工作，赚到很多钱，等赚到钱以后，你可以玩更长的时间，玩更昂贵的玩具。如果你搞错了顺序，整个系统就不会正常工作，你就只能玩很短的时间，最后的结果是你拥有一些最终会坏掉的便宜玩具，然后你一辈子就得更努力地工作，没有玩具，没有快乐。"这是延后享受的最基本的例子。

二、法国人教孩子学会花钱

克里夫妇两年前曾给他们的一对双胞胎儿女各自设立了3000法郎的"独立账户"，时下儿子的账户上仅剩下1800法郎，女儿的账户上却还有2500法郎。克里夫妇并没有据此简单地批评儿子、表扬女儿，而是对他俩的消费情况作了具体的分析：儿子尽管在两次消费中有"超前"之嫌，但多数消费合情合理，他享受到了理应享受的生活乐趣；相反，女儿近来总是"勒紧腰带过日子"，连必需的学习用品也舍不得买，更不用说娱乐享受了，因而，从总体来说她的生活质量远不如她的弟弟。随后夫妇俩对儿女作了针对性极强的指导，让两个孩子明白：要学会做金钱的主人，而不是做金钱的奴隶。这是克里夫妇正在进行的"家庭理财课程"。

事实上，法国孩子的"家庭理财课程"早在三四岁就开始了。那时的孩子刚刚有“数”的概念并初步知晓加减法，已经懂得区分不同金额的钱币，明白了金钱与购买之间的“有机关系”，幼童们第一次得到的零用钱可能仅为1～5欧元，从拿到这笔“小钱”开始，法国的父母就会鼓励他们正当、合理地进行消费。当然，在消费之前免不了给他们出点主意。

三、日本家长不“赏钱”

日本人教育孩子的名言是：“除了阳光和空气是大自然赐予的，其他一切都要通过劳动获得。”许多日本学生在课余时间，都要到校外参加劳动赚钱。与美国有所不同的是日本学校的金钱教育中强调一种责任感。日本教育家认为，在家庭教育中，学生的家务劳动是学生应尽的义务。如果孩子干活要付钱的话，这就是对家庭关系的扭曲。有的家长因孩子学习好而赏钱，这无疑是一种贿赂。孩子是否完成家庭作业、学习成绩的好坏、能否升入名牌学校等，同家长给孩子零花钱之间并没有什么必然的联系，这是教育中必须正视的问题。

四、英国孩子“要花钱自己挣”

在英国父母的观念里，让孩子们感受金钱的来之不易，远比让他们理所当然地享受家长的给予来得重要。所以，家长一般都会将家庭的经济状况告知孩子，父母如何给孩子零花钱也会取决于家庭状况，家境比较好的孩子，零花钱会多些；家境差的孩子，零花钱就会少些。但不管是多是少，孩子们的零花钱都应该通过劳动来换取。因为父母担心，一旦金钱是不劳而获的，孩子们将不能理解金钱和劳动之间的关系，不知珍惜所得，进而逐渐变为纨绔子弟。

大部分英国孩子都会使用手机，因此，父母每个月就要为小孩支付 10 英镑(约合人民币 140 元)左右的手机费。这笔钱虽说不算很多，但如果要求孩子必须用劳动去换取这些有限的收入，如收拾房间、修剪草坪、洗车和洗衣服等，他们就必然要小心地计算如何使用自己的珍贵所得，从而学会控制自己的消费行为，学会在付出与得到之间取得平衡。

五、美国家长循序渐进教理财

美国父母教孩子理财有一套循序渐进的规则：孩子 3 岁时，父母用寓教于乐的方式，告诉他们金钱的重要作用及它的来之不易。孩子 4 岁时，让孩子知道钱的面额，并让他们知道，钱虽然有用，但不能自己想要什么就要什么，必须有所取舍。孩子 5 岁时，让小孩知道哪种面额的钱，可买到哪种东西，以及钱从哪儿来。孩子 6 岁时，让孩子进一步认识金融货币，并学习简单找零，常点很多零钱，明白在处理财务时会遇到许多困难。孩子 7 岁时，帮孩子认识标价，以及找打折扣商品。孩子 8 岁时，让孩子了解他们可做额外的工作来赚钱。如让孩子在家门口放一个茶水摊，路过的大人一般乐于惠顾，他们并不是为了饮用，而是为了鼓励他们的劳动。同时 8 岁的孩子也该学着存钱，他们可拥有一个储蓄账户了，家长可以带他们去银行，开一个监护账户，要他们知道银行的所在。如此，他们可以定期去存钱，而且保管这个存折簿。孩子 9 岁时，让孩子简单地制订一周的花钱计划，并在逛街时学着货比三家。孩子 10 岁时，在小孩子每花大笔钱前，让他们从存小钱起积少成多。孩子 11 岁时，他们基本上通晓买家与卖家的关系，认识电视广告的事实，可试着在银行定存。12 岁的孩子已有能力管理自己的零用钱，这时要教导他们做预算，有计划地花钱。如孩子要买一个芭比娃娃，先得帮助他做预算，每周存钱，直到足够买一个芭比娃娃为止。让他们意识到为得到某些而储蓄是很重要的，并知道如何使用和储蓄。如果他们在周末的下午发觉已没有钱用，不妨就让他在下一周内身无分文，如此，他就会懂得责任和结果，知道用钱应该谨慎。总之，孩子们在理财方面有失误也是难免的事。家长可以与他们一起探索和“决策”，和他们一起评估购物的　　得失。

第五节　用压岁钱培养孩子“财商”

调查显示，约有 80%孩子的压岁钱超过 1000 元，5%孩子的超过 5000 元，孩子的这笔钱怎么理财专家认为，适时的“财商”教育胜过购买某种具体的理财产品。

深发展南京分行零售部总经理助理王乾说，打理压岁钱的主要目的是提高孩子的“财商”。

他认为钱可以分成三个部分：一部分投资，因为孩子每年都会收到压岁钱红包，可以采用定投的方式投资基金，这样孩子对经济环境的变化、对股市涨跌常识等都将有所关心，是一种很好的教育，而等他们成年，长线定投基金的收益也相当可观了；一部分购买人身意外险，帮孩子撑起保险保护伞；最后一部分可以让孩子拿出来参加捐资助学等社会活动，增强他们的社会责任感。

一、教育储蓄

2万元为上限教育储蓄是一种零存整取的定期储蓄存款，小学四年级至高中二年级的学生都可以开设。存期分为1年、3年、6年，可一次性存入，也可以分次存入或按月存入，本金合计最高限额为2万元。这样，3年期存款每月存入555元，6年期存款每月存入277元。教育储蓄的利率享受两大优惠政策，除免征利息所得税外，还可以享受整存整取利率。目前，1年期教育储蓄利率为2.25%，3年期为3.24%，6年期为3.6%。

银行人士指出，风险低、分期负担小、专款专用是教育储蓄的特点，比较适合为初中、高中等小额教育费用做准备。

但是由于限额过低只有2万元，而且存取时需要学校证明等，让家长选择教育储蓄时再三考虑。如果仅从收益率来说，教育储蓄尽管享受了整存整取利率，但收益率也不算很高。如目前3年期凭证式国债的年收益为3.39%，5年期3.81%，而目前一般人民币理财产品的年收益率也在3%左右。

二、定投基金

基金去年表现疯狂，基民今年依然期待很高，而压岁钱的投入最能体现基金长线投资的理念。南京的理财师认为定期用压岁钱投资基金，等孩子成年，可以解决不少教育费用、婚嫁费用甚至创业费用。

“比如孩子每年都有5000元的压岁钱，至少可以拿出4000元购买开放式基金，且要年年坚持下去。”王乾表示，可以为孩子专门设立个基金账户，定期让他们知道净值情况，并时常让他们了解经济走势、股市涨跌等，进行理财教育的同时，看到账户的慢慢增值。

基金长线投资，长期下来的收益会比较稳定。孩子每年的压岁钱利用定投基金滚动起来打理，多年的积累可以作为教育费用、婚嫁费用或者创业基金。等孩子成年后，这个基金账户可以再交给他们自己打理。

三、买保险

理财、保障兼得直接将压岁钱买成保险，对家长来说是个省事的办法。针对 18 周岁以下人群的少儿保险，保障型主要解决少儿的医疗问题，同时也提供意外保障；教育型主要是为子女准备不同成长阶段的教育基金。无论是储蓄教育基金还是换取健康保障，买保险的同时也是一种理财。

目前，不少保险公司都推出了少儿分红保险，具备储蓄、保险保障和投资三重功能，可为助学和创业乃至婚嫁做准备。民生人寿推出一款专门针对少儿的分红型两全保险，具备储蓄、保险保障和投资三重功能，配以初中教育金、高中教育金两款附加险，为少儿未来的初中、高中和大学教育费用及成家立业，提供了一定的安排和准备。

太平人寿的一款儿童理财产品计划每年帮孩子投入一笔钱，通过 10 年资金的稳定增值，为孩子储备一笔丰厚的教育基金；在这 10 年期间，孩子还可以享有 18 种重大疾病的保险保障或者住院医疗、住院津贴保险。

春节过后，越来越厚的红包引起了社会的关注。一份有关压岁钱问题的问卷调查结果显示，北京地区 90 名孩子在春节期间共收到 43.8 万元压岁钱。其中，收得最多的孩子，压岁钱达 2 万元。调查还显示，只有约 5%的孩子拥有对自己压岁钱的“绝对使用权”，直接交给家长或者被父母存入银行账户的，占到了76%。之所以会直接收走压岁钱，是因为多数家长认为压岁钱本身是大人的一种社交往来，加上孩子还太小，过早接触金钱会影响其成长。而与此同时，孩子却另有一番认识，在我给小朋友们上课时，他们普遍反映压岁钱是自己的钱，父母没有权利没收。这看似是小朋友和家长关于压岁钱的小纠纷，其实折射出家庭关于金钱教育的缺失，更何况是对于儿童财商的培养。在这份调查中，61%的孩子表示，学校老师、家长从未教过理财知识。

中国首份财商指数报告显示，目前90%以上的大学生缺乏理财观念，他们对于理财、财商几乎没有概念，但对于潮流、明星及各种各样的国际品牌却非常熟悉。于是，父母通过多年教育想要防止的拜金主义、享乐主义真实地在这些孩子的身上上演，富不过三代的现象屡屡成为现实。

我经常对家长说，不在乎给不给孩子钱，只有当孩子没有认清金钱的本质以及没有能力掌控金钱，却又拥有金钱的时候，才是一切罪恶的开始。我们跟孩子谈钱不俗，也不早，关于钱这方面的教育，堵不是好主意，大禹治水在于疏通，所以财商教育应该成为家庭教育中不可缺少的一部分。

财商是一种生活智慧的体现，是后天培养的一种教育，儿童财商教育的关键在于认识和习惯的养成，财商教育要融入平时的生活中。

在英国，从幼儿起就开始对孩子理财教育，并针对不同阶段提出不同要求：5～7 岁的儿童要懂得钱的不同来源，并懂得钱可以用于多种目的；7～11 岁的儿童要学习管理自己的钱，认识到储蓄对于满足未来需求的作用。

日本人教育孩子有一句名言："除了阳光和空气是大自然赐予的，其他的一切都要通过劳动获得。"

美国父母把理财教育称为"从3岁开始实现的幸福人生计划"。对于儿童理财教育的要求是：3岁能辨认硬币和纸币，6岁具有"自己的钱"的意识。他们有一句口头禅："要花钱，打工去!"美国小孩会将自己用不着的玩具摆在家门口出售，以获得一点收入。这能使孩子认识到：即使出生在富有的家庭里，也应该具有工作的欲望和社会责任感。

鲁迅说："取其精华，去其糟粕。"压岁钱是中国古老的习俗，我们不妨借用国外正确的理念赋予其新时代的含义，借助压岁钱来培养孩子的财商。

第一，告知其压岁钱的来历，让孩子知道压岁钱不仅是钱，更多的是大人对于孩子的一份关爱，是对孩子新的一年的期许。

第二，做好计划和预算，和孩子一起探讨压岁钱的使用方式，最好以孩子为主导，让他们自己制订计划，家长起到的是监督作用。甚至可以签订一些协议，用这种方式规定好孩子和家长之间的责任与义务，适当设置奖惩措施，并严格实行。

第三，用压岁钱带着孩子一起去购物，购买孩子需要和想要的东西。在购买的过程中可以融入一些消费方面的知识，比如为什么买一支笔的价格要比买一盒笔的贵，为什么同样是笔记本，再生纸比普通纸便宜等。

第六节　培养孩子的财商用这几招就够了

应该从几岁开始教孩子理财？孩子做家务该不该给报酬？要不要给孩子零花钱？不知道生活中的这些琐事，是否曾给你带来过困惑。如果有过，那就对了，这说明你十分在意孩子的“财商”教育。

可是，你做对了吗？和所有家庭教育一样，财商教育也是潜移默化的。某些生活中的细枝末节，处理得好，就会给孩子传递正确的财富观念；处理得不好，就可能会让孩子在成年后产生困惑……要找到正确的财商教育方法，既要讲究科学，又要结合一定的实际经验。

在形成自己的独立判断前，不妨先参考一下专家的看法。近期，花旗银行与佰特教育联合举办了一场“家庭财商教育分享会”，可以从专家观点中汲取一些精华，予以参考。

一、财富观是财商核心

说起儿童财商教育，许多人首先想到的应该是类似“教小朋友记账”“让孩子学会不乱花钱”等具体操作层面的训导，因为这是许多成年人想当然的观念。不过，在专家看来，财商教育的首要任务应当是先让儿童树立正确的财富观。

可什么又是正确的财富观呢？培训师林夕媛用 7 岁小女孩的一幅画说明了这个问题。在女孩儿接受财商教育前，她理解的财富仅仅是金银珠宝，而在财商课之后，她的“财富画”上有时钟、计划表、物质财富以及机会。这表示，首先，如今在她的理解中，除了物质财富以外，生命中第一笔财富是“时间”；

其次，能为一个人带来财富的是他的规划能力；最后，她还认为“机会”也是财富。

诚然，将财富观置于具体的理财技巧之上，是儿童财商教育的“点睛之笔”。不过，如果我们对此进一步反思就会发现，即使在成人世界中，除了现金、股票、房产等物质财富以外，将一个人的时间、技能和机会作为自身之“财富”的观念，似乎也未必在每位父母心中真正确立。

或许我们可先给出一个这样的建议：如要让孩子从小形成正确的财富观，为人父母的不妨先对自身的财富观作个审视，因为任何课堂上的教条格言都远不如父母的言传身教。

二、从体验出发学理财

在明确了财富观的重要性以后，要提升儿童的财商，还不能用过于教条的方法，而是要让孩子从自身的经验、感受出发，进一步懂得财富和理财的重要性。例如，在消费上，应先教孩子如何用钱，再教孩子如何赚钱。

这个观点意味着，一味地让孩子学会节俭、省钱，并不是明智的财商教育方法，时常灌输给孩子“花钱是罪恶的”的观念，更是错误的。与其这样，不如给孩子足够的探索空间，让其自己通过“练习”，体会出何为好的消费习惯。

林夕媛是通过一个“彩虹卷笔刀”的案例来具体说明的——某个孩子很想要一只彩虹卷笔刀，父母拒绝了直接为其购买，而是让他自己攒钱购买。最终，孩子通过坚持攒钱、成功获得后，非常喜爱与珍惜，甚至于不断地向周围的每个人展示这只卷笔刀。

在这个过程中，孩子的情绪经历了想要物品的冲动，父母不答应购买的失落，得知可以自己攒钱购买的兴奋，一点一滴攒钱的坚持，以及最终购买成功的自豪和满足。这样，在儿童的心中形成了一个健康、完整的消费体验过程，并在其日后消费，甚至目标达致过程中会反复上演。相反，从小未体验过“健康消费”情境的孩子，长大后则更有可能成为“月光族”或“守财奴”。

此外，父母也不必过于计较孩子在这一过程中的“失败”。如果孩子有坚持不下去的失败经历，同样是难得可贵的。这时候，父母就要鼓励孩子，告诉他们，一时难以坚持的“中断”不代表“失败”，只要重拾信心、继续完成自己的目标，就仍然会成功。

三、父母要善于引导

教育，不是让孩子活在大人设定的“正确”与“错误”的阴影中，而是让其发展出一个独立而完整的自我。这样的理念，也同样可以延伸到财商教育中来。林夕媛指出，财商教育的重要理念之一，是“尊重孩子与生俱来的特质”，并且要“让孩子对自己喜欢的事物着迷”。

何为“着迷”呢？举例而言，如果孩子看到玩具车就要求父母购买，而一旦得到之后则弃之不顾，这并不是真正的“着迷”。而真正的着迷，是对某一样事物有持续不断地深入探索的欲望。

对于儿童本能的好奇心，家长要配合它的发展，引导孩子深入地去发现事物的美妙之处，而不能幻想总是用满足或拒绝的方式，简化地解决孩子购物需求引发的冲突。

四、财商是全面的教育

财商教育不仅是财富能力的教育，而是一种全面的人格教育。虽说经济只是人生的一个维度，但财富问题所牵涉的却是人生的方方面面。看似简单的金钱相关问题，在深层次上，其实无不涉及儿童个性、追求、目标的培养，以及品格和责任的养成。

对于有人提出的“孩子做家务是否应该给报酬”的问题，林夕媛给出的答案是这样的：基础家务也是孩子应该承担的家庭责任之一，因此家长不该对此支付报酬。更推荐的做法是，将家务变为一种“亲子游戏”，而不是买卖交易。不过，对于一些“较难”的家务，不妨适当给予金钱鼓励，激励孩子去完成。

五、不同年龄段的财商教育

财商教育的理念和方法很重要，但也要按照客观规律循序渐进地进行。认知与发展心理学的相关经验表明，儿童在不同年龄阶段对财富的认知遵循一定的规律。这意味着，不同年龄儿童财商教育的侧重点也不尽相同，既不可揠苗助长，也不要错失最佳时机。

通常在 3 岁时，儿童会形成对金钱的基本概念，这阶段的孩子可能经常会想翻家长的钱包，因此家长不妨摊开钱包让孩子看，教他学会辨认钱币。

在 4 岁时，儿童通常可以学会用钱买简单商品，这时，家长可以定时、定量地给孩子零花钱，让其学会有规划性地花钱，有条件地对商品进行选择（与放弃）。否则，孩子只会有“爸妈，我想要××”的概念，而不知道钱到底该怎么花。

六、以下是不同年龄阶段财商教育的要点总结

3 岁：辨认钱币，认识币值；

4 岁：学会用钱购买简单的商品；

5 岁：明白劳动才能得到报酬；

6 岁：能数较大数目的钱，学习攒钱；

7 岁：观看价格标签，并与手中的钱作比较；

8 岁：懂得在银行开户存钱，并能想办法自己挣零花钱；

9 岁：可以制订自己的用钱计划，并能和商家讨价还价；

10 岁：懂得节约零钱，在必要时可购买较贵商品；

11 岁：学习评价商业广告，发现价廉物美的商品，并有打折、优惠的概念；

12 岁：懂得珍惜钱，有节约观念；

12 岁以后：完全可参与成人社会的商业活动和理财、交易等活动。

第三章　理财从儿童做起

儿童理财的习惯一般从 10 岁开始，家长们应该怎样教导孩子有效地理财?

有研究显示，良好的理财习惯并不一定靠天生遗传而来，儿童理财的习惯一般是从 10 岁开始养成的。儿童通常没有主动理财的意识，他们从其他小朋友那里或者电视网络上接触到的模糊理财印象比从学校接触的要多，而父母或周围其他成年人树立的良好榜样是儿童学习理财最有效的途径。

一、培养良好习惯

与其让孩子在成长过程中思索怎样轻松地赚钱，倒不如教导他们怎样理智地用钱。这种教导要从早开始，以便让孩子终身受益。怎样鼓励孩子养成良好的理财习惯呢?

二、公开讨论有关理财的话题

1. 让孩子参与家庭观和金钱观的讨论;

2. 由于每个孩子的性格和学习方式不同，家长要针对性地选择教导的方式;

3. 设置用钱的额度;

4. 允许孩子做出自己的决定，并让他们对产生的后果负责。

考虑给钱的方式：零花钱、奖励或生日礼物等。

当决定给多少零花钱和增加多少零花钱时，应考虑孩了的成长阶段，而不是实际年龄。

最重要的是保持一致性。比如，我们花掉一个月的薪酬后，不能期望老板支付更多的钱。因此，孩子花掉他们的零花钱后，不能随便地要更多的钱。

三、亲子活动促成长

在儿童不同的成长阶段，他们对金钱和理财的感受度不同，通过不同的亲子互动活动，跟他们分享成长的快乐，同样也有助于教导他们养成良好的理财习惯。

四、教您的孩子学习理财

1. 鼓励孩子思考什么是他们想要的，什么是必须要的，让他们制订存钱的目标(如为买一辆新的自行车而存钱)；

2. 帮助孩子决定哪些是他们真正想要的，并明确最重要的目标；

3. 提醒他们为要买的东西定期存点零花钱；

4. 帮助他们控制冲动消费。比如，当他们想买不是必须的物品时，提醒他们存钱的目标；

5. 鼓励他们每天放些零碎的钱到储蓄罐里，

6. 让孩子用带充值卡的手机，如果他们用得太快，就让他们自己充值；

一提起巴菲特，人们的第一印象大都是世界第一富豪，是最会炒股的人，可就是这个股神最近却兼职做起了卡通节目的明星。在一档名为《百万富翁俱乐部的秘密》的卡通剧中，巴菲特化身卡通主角，教孩子理财原则，例如如何规避债务，如何让资产增值。据说，巴菲特筹划这一卡通剧计划已有 3 年时间。巴菲特表示:“花时间帮助教育我们的孩子理财，难道还有比这更美好的时光？”现年79岁的巴菲特现在正花时间投身做金融扫盲工作，期待着把自己数十年的经验传播给下一代，相信这些知识是最具价值的财富。

随着金融产品的日渐丰富，很多在校大学生都还没毕业就已经欠了一屁股的信用卡债务了，这就是理财知识匮乏的直接后果。笔者有一亲戚的孩子还在念大学，看到校园里有信用卡推广的活动就签了约。以往看到了喜欢的东西要攒够钱才能买，可有时钱攒够了东西又卖没了。于是，就想尝试一下“花明天的钱，圆今天的梦”。很快地，把生活费花光了不说，还在卡里透支了好几百元钱。原本计划“紧缩”下个月的生活费还上，可结果不但没能用生活费还上欠款，反而透支了上千元。就这样雪球越滚越大，最后只能求助父母帮助还债，还没毕业就先破产了一回。

有鉴于此，现在越来越多的教育工作者开始意识到青少年“财商”普及的重要性。例如，上海30余所中学开设青少年理财教育课程，旨在向青少年中推广和普及经济、金融、个人理财常识，使其树立正确的消费理财观念，类似的课程早已在新加坡的中学里推广。课程中讲授的内容包罗万象却又非常贴近生活，例如:“假设你家中有1万元作为生活储备金，除了存活期外，有没有更好的理财建议？”“购买一套总价为50万元的新住宅，首期付款20万元，其余30万元向银行贷款，每月应还银行多少钱？”“假如你的父母想买一套住房，你应该给哪些建议，请从位置、售价、利率、政策等角度制订理财计划。”

这些最基本的数学计算，只要略懂初中数学就能很快地算出来，可是有不少成年人还是算不清。这充分显现出传统的学校教育已经多么地脱离社会实际。在最著名的财商教育书《穷爸爸富爸爸》中，作者评价当下的学校教育体制有如下评论："今天我们的教育体制已不能跟上全球变革和技术创新的步伐。我们不仅要教育我们的年轻人在学术上的技能，也要教育他们理财的技能，这不仅是他们在这个世界上生存下去，而且是生活得更美好所必须具备的技能。"换言之，传统的教育方式只是在培养千篇一律的好员工，并不是在培养企业家和资本家，也从没有告诉我们赚到了钱之后应该如何保值增值，就这样，许许多多人都在为钱而工作，而不是让钱为你去工作。

中国有句古话叫"三岁看大，七岁看老"。巴菲特在六岁时就做了人生的第一笔交易，他用两角五分钱买六罐可口可乐，再以每罐五分钱，卖给度假的游客。当同年龄孩子，还在哭哭啼啼跟父母伸手要钱时，十一岁的巴菲特已在股市初试啼声，买进三股"花旗"，这也为他日后投资生涯揭开序曲。同样地，大投资家罗杰斯小时候就不同凡响。他 5 岁开始经商，在棒球赛场上拣空瓶赚钱。6 岁时从父亲那里借了 100 美元作为做生意的启动资金，购买了一台花生烘烤机，用小小的计谋获得了在少年棒球联合比赛中出售饮料和花生的特许权。5 年后，还清欠款，留下烘烤机，在银行的户头存上了 100 美元。

由此看来，如何理财如何投资从小就开始培养是非常值得的教育投资，这门技能同其他技能有一个最大的区别，那就是任何一门技能都可能会过时，但投资理财技能绝对不会过时，相反随着经验日渐丰富，能力还会日渐增长。那么如何最快地开始对你的孩子进行财商教育呢？中信出版社出版的《孩子啊，你将会是有钱人》是一个很好的起点。

该书以父子两个人提问回答的方式回答了我们诸多财商教

育疑问，怎样变得富有？怎样才能成为有钱人？多少钱才算有钱人？哪一行才能赚大钱？如何从房地产中赚到钱？有好学历才能成为有钱人吗？有钱人有什么特质？应该走怎样的道路？所有这些问题，书中都做了很好的阐述。

虽然作者是法国人，但他也早已看出世界的未来在中国，他建议儿子：学习中文，哪怕十年后中国商人的英文说得比你好，因为懂当地语言永远是手中的一张王牌。当你在法国的学业告一段落，旅行一年，美国 6 个月，另外 6 个月在新加坡、中国香港、东京、上海或是印度。如果你够机灵，可以在当地或别处到自己喜欢的公司上班，即使是跑腿的差事，你努力用功，往上攀升或找出好办法，什么也阻止不了你创立自己的公司，无论在哪个产业。不过要小心，如果你不是顶尖高手，你就得雇用顶尖高手，特别是在财务管理和组织方面。

第一节　理财教育从小做起

智商关系到人的聪明程度，情商关系到人的社会交往，财商呢？认识金钱？在我国好多父母认为小孩接触金钱太早容易染上铜臭，失去天真。但发达国家却十分重视从儿童开始的理财教育。例如，美国把理财教育称为“从 3 岁开始实现的幸福人生计划”。以让孩子学会赚钱、花钱、存钱、与人分享钱财、借钱和让钱增值为主要内容的理财教育，已经融入少年儿童整个教育之中。而在我国，儿童消费则逐渐走向畸形，这与我们缺乏对儿童的理财教育，儿童自己没有基本的理财常识有着密切关系。

据国家统计局所属美兰德信息公司2001年对北京等五大城市的调查表明：0～2岁儿童月消费总额为40亿，其中，食品与服装占儿童消费总支出的64.1%。从调查结果可以看出，儿童消费基本上决定了家庭的消费方向，这是当今城市家庭消费的突出特点。面对中国孩子消费的畸形现象，美国的《华尔街日报》这样写道："一个以中国被宠坏的一代为对象的庞大市场正在兴起。"这是多么可怕的现实。如何在幼儿中开展理财教育是一个值得探讨的话题。

3岁前，孩子往往视金钱为一种玩具，是一张可以随意摆弄的纸。

5岁时，他们求知欲增强，能数1～20，能以手指做简单的加减法；能辨别硬币或1角钱、5分钱。但对钱的兴趣并不大，只是认为它能买到想要的东西，存钱是什么不知道。

6岁时，能辨认各种常用钱币，喜欢钱，想有意识地操纵钱，知道压岁钱是自己的，在妈妈的提醒下会往储存罐里投钱。

由此可见，幼儿已初步具备基本的理财能力。

怎样教孩子理财呢?

一、根据不同年龄的幼儿提出具体的要求

3岁时能够辨认硬币和纸币；4岁时知道每枚硬币是多少分，认识到他们无法把商品买光，因此必须做出选择；5岁时知道钱是怎么来的；6岁时能够找零数目不大的钱，能够数大量硬币。

二、告诉孩子钱的来历

要让孩子懂得钱并不是从天上掉下来的，想要多少就要多少。父母的钱都是通过辛勤的劳动换来的，进而产生珍惜别人

的劳动成果，孝敬父母、回报父母、回报社会的情感。孩子如果不了解自己存钱的真正意义，他就可能变成一个吝啬鬼，不为任何目的，只是一味地把钱存起来。在引导孩子开始储蓄时，要首先告诉孩子存钱是为了以后买他们真正想要或需要的东西。为孩子准备一个储蓄罐，当孩子控制自己不乱要零食或玩具时，成人就把零钱拿来让他“喂小猪”，再用储蓄金购买孩子最需要的用品，孩子觉得“喂小猪”很有趣，又有享受储蓄金不断积累的成就感。对于一些节日，家长或朋友也给孩子一些零用钱，家长可以带孩子到银行开个存款账户，让所有得来的钱都存到这个账户，每半年或一年，就和孩子算一算，这个账户得了多少利息，增加了存户的储金，这是小猪做不到的，这就是最初的投资。

三、培养孩子正确的消费观

似乎不用教，每个孩子就能经观察，感觉到花钱的力量了，铺天盖地的广告：洋娃娃、玩具、食品……无不在吸引着孩子。他们可谓身陷强烈诱惑的环境，由此可见培养孩子正确的消费观尤为重要。

（一）分清“需要”还是“想要”

即使是大人，也常常把“想要”解释成“需要”，这也难怪孩子们会感到困扰。我们应早一点开始帮助孩子分清“需要”还是“想要”的不同，无论现在还是以后，他们处理本身财物的大部分能力。均视其对两者差异的了解而定。我们有必要和孩子来探讨什么是“需要”和“想要”。

“看见那个宝宝吗？他是需要别人照顾还是想要别人照顾呢?”

“牙膏是需要才用呢?还是喜欢它的味道才用?”

孩子越大，他们的世界也越广阔，“需要”和“想要”的概念随之扩展，有时候他们得花上好几年才能分清。

（二）提醒孩子做出“选择”

因为可以使用的钱是有限的，孩子很早就必须为了钱做出选择，“如果要吃零食就不能买图书，自己选择吧”当然这要由经验的不断积累而慢慢发展，我们得容许他们做些似乎很糟糕的事。

（三）不要盲目地攀比

作为父母，都希望自己的孩子在多方面都强于其他孩子，至少不比别人差。具体反映在消费上，便产生了相互攀比的倾向，导向盲目从众的消费行为，从而影响到孩子“别人有的我也要有，别人穿的我也要穿”的不良习惯。

（四）鼓励孩子追求心灵的财富

一个懂得追求心灵财富的人，对物质的要求相对较低。成人可常带孩子去图书馆、博物馆、野外参观游玩，使孩子感受生活中有许多美妙的事情可做。

四、在金钱的使用方面教孩子乐于分享，体验到捐献和助人的快乐

失学儿童、困难户，需要帮助的人很多，成人有必要让孩子了解到这些事情，鼓励孩子把自己的微小积蓄捐赠一部分给需要帮助的人们。我园曾举办过“贫困山区的孩子”的活动，全体中班的小朋友通过自己动手插花送进行义卖换取一些报酬，然后捐给失学儿童。自己的劳动获得报酬，奉献爱心，使孩子们意识到自己虽小，但是也有能力帮助别人，进而体验到

劳动的快乐和互相帮助的成功感。

五、有必要让孩子了解家庭消费

孩子是生活在一个非现实的社会里，他们住在家里，没有生活开支让他们承担。当他们长大后，不得不开始自己支付水电费、买食物、穿戴费用时，会毫无计划，有必要让孩子了解家庭状况及消费，告诉他家中的钱是怎么花的，需要花钱的地方很多，留给孩子的零用钱只能有一小部分，使他产生一种责任感。这样一来，他就不会提出过分要求来。父母要十分注意自己的理财观念和消费行为，它会潜移默化地传授给孩子。

六、教孩子学会通过正当手段去获得收入

例如：把自己不用的玩具、图书卖出去及卖报纸等。

七、通过游戏的方式练习购物

游戏无疑是孩子喜爱的活动，陪孩子玩“逛超市”“银行交换”的游戏，让孩子熟悉交易的礼节和方法；最好游戏中的定价和币值与现实相同，可以更加深孩子对现实的了解，平时还可常带孩子到市场去直接体验，学习规划消费的好习惯。

下面是值得注意的几个问题：

（一）以家务劳动、学习来换取报酬

孩子是家庭的一分子，既享有权利又要尽义务，家务劳动不应当付钱，如铺床、摆放好玩具、整理自己的衣服、收拾碗盘等都是他们应该做的。我们当然不想教出一个在让他倒垃圾或收拾玩具时会说“你要付我多少钱”的孩子。

学习就是孩子的责任，是需要有自主、自发的动力的。就像父母必须照顾子女一样，不能因为作业写得好，成绩考得棒

而以金钱为奖励。否则，久而久之，学习就会成为被动的不良行为，一旦孩子不需要使用金钱时，也就失去了学习的动力。

（二）对于儿童消费成人要言行一致

仿佛是天生的，孩子知道如何察言观色，知道如何“要挟”大人，知道谁比较“严厉”，谁比较“好说话”，知道什么时候“行”什么时候“不行”。当孩子出现闹着要玩具时，家长必须言行一致，并且不可出现“妈妈不买，爸爸买”的现象。

（三）多为孩子创造获得报酬的机会

尽管我们不希望每一个孩子期待做的每一件事都得到报酬，但当他们不能外出工作时，可以请他们做额外的工作，那些不是孩子平时负责做的家务事。例如：帮妈妈洗自行车；整理地下室；卖报纸；到敬老院陪老人散步……这些是让孩子赚外快的好方法，这么做可以帮助他们不依赖他人，提高他们对自我能力的信心，并进一步了解劳动与金钱的关系。

综上所述，我们应努力创造条件，使孩子生活在一种具有强烈理财意识的环境氛围之中，逐渐形成善于理财的品质和能力，从而为造就大批优秀经济管理人才提供雄厚的人力资源基础。

第二节　儿童理财教育的3大阶段

现今社会变化迅速，我们今天的教育体制已跟不上全球的变化及科技发展的步伐。很多时候，在大学学了的技能，在毕业后已不管用了。因此，在教育下一代的基本生存技能的同时，也要教育他们理财技能。这不但是让他们能够在这世界上生存下去，而且是生活得更美好所必备的技能。

有怎样的父母，就有怎么样的孩子！父母的言行举止除了直接影响子女人格的发展及人生价值观外，在金钱的管理上，也会直接影响日后子女理财的行为。因此，理财观念早要在儿时植根，并按由孩提时代至少年分为三个阶段，家长要多加留意。

一、萌芽期：3～6岁，属于儿童阶段

当孩子踏上幼儿园时，已初步具备认知，语言及基本反应的能力。所谓3岁定80岁，3岁孩童已拥有自己独一无二的个性及自主性，部分已发展出独立性。所以，该时期是教育孩子接触社会的最好时机。这阶段的小孩，可以让他们接触金钱，让他们理解金钱是什么东西，金钱的功能是什么？钱从哪里来？父母可向孩子掌握：

——金钱基本概念及重要性；

——当和父母购物时，让孩子认识每件东西都有一个价值；

——价值和价格之间的关系；

——学会储蓄的概念；

然而，孩子对金钱观始源自父母的言行举止。比如母亲是一个购物狂，很喜欢Shopping，每次消费时不理家里是否管用，先买再说，又喜欢同一款的东西买不同的颜色，每次消费不管需要与否，只要自己喜欢想要，先买再说。以上凡此种种的行为，都会深深植根在孩子的金钱观念上，直接影响孩子理财观念及人格发展。

二、成长期： 7～12 岁，属于小学阶段

当小孩踏入 7 岁时，已步入小学的阶段，并从学前所学习及认知的概念继续步发展出自己的性格特质。这阶段的小孩已开始有独立思考，逻辑及分辨是非的能力，随着生活经验增加，该是时候适当地教育小孩，在生活上及理财上相关的事务。例如，如何好好运用零用钱；接触不同理财工具及机构，如银行及保险等角色及功能；养成储蓄及记账习惯等。

父母可以在该阶段，有步骤地向子女进行理财的教育，并按其性格及心智，厘定灌输理财教育的进度。更重要的是，在培育理财观念过程中，个人的品格操守是首要，好让孩子了解到金钱是重要，但并不代表拥有金钱，就能换取世界上珍贵的东西。例如，爱情、亲情、友情、自由、快乐、信任、幸福、分享等。父母更要教育孩子如何善用自己的天赋及能力，借着金钱，去帮助其他人。比如，人生价值及金钱价值又如何分辨等，因此该阶段父母应注意：

——零用钱功能及背后意义；

——如何透过零用钱分配，以达成短、中、长的个人目标；

——银行功能角色；

——保险的意义；

——储蓄及记账习惯。

三、发展期:13～18 岁，属于中学阶段

当孩子进入中学阶段时，正步入成长青春期，成长及成熟程度快慢不一，有些急于处理自己事务，有些仍然依赖父母，因此父母应按子女心智熟而按部就班，以下是教育中学学生理

财的几点：

——需要及想要的区分；

——消费和处理事情一样，需要优先级；

——初步认识投资工具，如股票、基金、债券，房产等；

——所有投资及理财工具背后的真正意义；

——信用卡的利弊；

——家庭财务安排和子女的关系，如教育基金。

由于现阶段的子女相对成熟，父母可引用一些身边朋友或社会新闻的事例，教育孩子先花未来钱的严重后果，胡乱使用信用卡祸害，节俭及储蓄重要性等。父母更要和子女身体力行，一起进行一些小型的投资及理财计划，如小额投资一些股票或基金，让他们了解何谓风险？也让他们了解赚钱难，有斩获的投资更难，之前一定要做足准备及研究功夫，了解大环境经济气氛及各种因素，千万不能受情绪及感性主导，又或受身边的朋友人云亦云，以耳为目而影响投资决定。

谨记一个行正道的人，才有正确的理财观念，不会行快捷方式甚至欺骗他人。因此，从小为人格训练打好基础，日后长大在处理财务事情上，才会有正确的观念及杰出的成就。

第三节　压岁钱理财儿童账户先行

春节将至，教会孩子管理好压岁钱是帮助他们建立理财意识的一个好机会。带孩子去开设一个儿童账户，可以帮助他们提前养成理财的好习惯。

如何教孩子理财，让他们在成长的道路上就学会驾驭财富的一些基础技能，是每个家长都十分关心的话题。其实，随着春节的步伐一天天临近，眼下就有一个现成的机会，可以帮孩子们上一堂生动的理财课，那就是帮助他们管理好自己的压岁钱。

对于没有经济收入来源的未成年人来说，压岁钱可以算是一笔不小的财富。而且这些年随着生活水平的提高，家长们出手越来越大方，孩子的“年终收入”也越来越高。有些家长开始忧虑孩子领到压岁钱之后，不会合理地对压岁钱进行管理和支配，长此以往还养成了一些不好的花钱习惯。

在孩子领到压岁钱之后，带他们去开设一个儿童账户，是一个不错的主意。现在不少银行都为青少年专门设置了以孩子名字为主账户的儿童账户、儿童银行卡，尽管在功能上没有明显的差异，但是儿童账户的主题与风格各异，账户附属功能上也各有千秋，较为贴近孩子们的心理。

一、让孩子亲历开户

生活中有些家长怕麻烦，往往喜欢直接帮孩子在银行代开立儿童账户，有的家长干脆开设一个自己名下的账户，帮孩子们把压岁钱代存到账户中去。不过，要想真正让孩子们拥有财富管理的经历，陪同孩子们亲身到银行网点，指导他们自己进行开户、存款业务流程的操作，意义往往超出家长们的想象。

儿童专家的分析是，以儿童的名字来开户，可以让他们拥有更多的认同感，他们可以切身体会到自己对财富拥有了支配的权利。在自豪感之外，同时也赋予了他们更多的责任感，同样他们会更具有主动性、更积极地去管理自己的财富。

除带孩子见证开户的过程之外，对于年纪略大的儿童，家长也可以指导他们实际进行开立银行账户的操作。比如，在开设账户时，家长可以由孩子自己来确定喜欢的密码、让他们在开户的确认单上亲笔签上自己的名字等，这些看似微不足道的小细节，都可以提高孩子理财的积极性和乐趣。

当然，需要提醒家长们的是，开设儿童账户的手续有别于一般的银行账户。大部分银行规定，在开设儿童实名账户时，除了带上家长自己的身份证明之外，证明对子女的监护权利的户口簿也是必不可少的一项文件。同时，不同的儿童账户对于起存额具有一定的要求，尤其是一些特色儿童账户中对于起存额的要求略高。

二、指导儿童进行财富管理

开设了儿童账户，并不意味着就大功告成。10 岁以上的儿童已经具备了一定的数学基础，这个时候家长可以利用上儿童账户这个工具，对孩子进行一些初步的理财和投资教育。

目前，国内儿童账户的功能还比较单一，大部分功能还集中在存取款上，但是家长们也可以利用账户下不同存款的差异因势利导地教给孩子一些基础的金融知识。

比如，现在很多儿童账户下可以设有多个存款项目，像活期存款、定期存款、零存整取和教育储蓄账户。这个时候，家长就可以就不同存款项目之间的差异对孩子进行指导。

例如，家长可以告诉自己的子女：“活期存款的优势在于随时可以提取，当你需要花钱的时候就可以从银行把存款取出来；但是活期存款的利息就很低了，这就意味着你的钱生钱的速度要慢很多。”而对于不同存款期限的定期存款产品，家长最好带着孩子一起做道简单的算术题，比较出它们利息收益的差距，并告诉孩子定期存款的缺点在于不可提前支取。从这些简单的指导中，孩子就可以初步建立对不同存款产品收益率、流动性的基本认识。

而对于大一些的孩子来说，学会利用不同存款项目之间的组合，实现一些长、短期的理财规划，也是家长可以着眼考虑的地方。比如说，孩子今年拿到了3000元的压岁钱，如何来管理这笔钱?家长就可以提出一些建议：拿出1000元钱存在活期账户里，这样虽然利息收入低一点，但是有需要的时候可以随时拿出来，作为平时的零花钱；存1000元钱到半年期的定期存款中去，这笔钱可以留作暑假时候去迪士尼乐园玩；剩余的1000元可以存在教育储蓄中，那是为以后上高中存的学费等。

通过这种具体的指导，对孩子们来说原本很抽象的财务规划原理，就能在他们的脑中扎下根。待成人之后可以支配的财富越来越多，他们就很容易学会如何用现有的资金实现不同阶段的财务目标。

三、儿童账户如何选

儿童账户是一个工具，家长可以借助它，给予未成年子女一些基础的理财教育。不过，儿童账户究竟如何选？目前，多家银行都有一些儿童账户推出，基本功能上没有太大的差异，主要集中在存款、取款等基本业务上，但在设计风格和附属功能上也展现出一些不同的特点。

第四节　尽早地培养儿童理财能力

把自己的孩子培养成一个对社会有用的人是老师和家长的希望，为了孩子的成长，对他们进行财商培养，更利于他们的成长，才能让他们在以后经济竞争的社会中有生存的能力。

随着社会经济的不断提高，随之而来的是社会经济的竞争也是越发的激烈。为了适应社会发展的步伐，人们对教育也越来越重视，因此，教育观念发生了很大的变化，很多家庭为了让自己的孩子能很好地立足于社会，他们对教育投入很多的精力，包括大量的教育时间，还要有足够的钱财跟上教育的要求。但是，由于受到传统教育观念的限制，家长只是注重对孩子进行智力的投入，只要学习好就行，很多生活的实际能力却遭到了忽略，这对于学生以后的生存很不利。比如，孩子生活好了，抗挫折的能力却下降了，家庭生活全由父母包办，但是孩子的理财能力却下降了，如果丧失了这样的能力，就等于在当今社会没有了生存能力，因为这些能力与他们的生存有着非常密切的联系。

经济是当今乃至以后的最主要的竞争主题，社会的发展需要良好的经济基础，如果一个国家经济上不去，就会受到外来的打击，人们的日常生活的物质条件也不能保障，生活质量上不去。经济如此重要，但是家长却偏偏对学生的财商培养不够重视，因而学生这方面的能力始终处于缺乏状态。基于此，学生的综合素质的提高需要用更多的时间与精力去解决经济问题，就需要对财商进行正规的、有意识的培养，这样才能在以后步入社会后有娴熟的经济操作能力与理财意识，用正确的手段来为自己理财。

在幼儿园教育中，我们对孩子的理财教育不容忽视，这是孩子理财教育的启蒙，那么，我们如何才能让孩子形成理财的好习惯呢？

一、让孩子正确的认识金钱，使财富成为孩子的主要意识

这种教育观念就是让孩子知道在当今的这个社会要生存就得有金钱，用来交换自己要吃的食物、想穿的衣服、想用到的一切东西，金钱的取得要靠自己努力去挣取，而不是凭空就会掉下来。这种教育并不是教育孩子脑子里只有金钱，而是让他们意识到金钱只是用来交换的一种经济工具。钱是一种中立的东西，但是如果用的不一样，那么它就会带有不同的色彩。如果用的得当，那么它就会带给人们幸福；如果用的不得当，那么它就会让人们走向邪恶。孩子虽小，我们老师要让家长给孩子一定的经济权利，给他们小部分零花钱，让他们在周末或者日常生活中去购买自己所需要的东西；如果用得好，家长就可以放心地给他们适当放大金额，如果用得不好，除了进行制裁之外，还要教育他们其害处是什么，让他们形成一种利用金钱的责任感，形成良好的用钱意识。

二、给孩子每人建立一个记账本

洛克菲勒被后人称为财富之神，他之所以具有这个称号，是因为他从小养成了一个记账的好习惯，而且这个好习惯伴随着他终身。他的账本成为我们研究的一份重要史料，让后人进

一步研究他。所以，我们由此可以看出，记账是一个人成长的重要工具，培养孩子记账的习惯，养成一个良好的理财能力，记账可以让他们明白自己的钱用来做什么了，哪一类的钱用得多，哪一类的钱用得少，花了多少了，还有多少钱可以花，剩下的钱还可以买到什么东西等。账本虽然不大，但可以清楚地显示自己的用钱过程，对于自己花销一目了然。孩子有一个账本是不够的，老师还要定期进行检查，或者对他们进行指导，分析钱的去向，哪些是应该少花的，花钱的方向应该多多指向什么，哪些钱本应该节省下来用到哪些更需要的地方。这样孩子的花钱受到了良好的指导，责任心加强了，对自己的用钱起到了约束，形成良好的习惯。

三、让孩子知道金钱的取得要靠自己的努力

现在的孩子生活条件好，他们都不用为各种事情而发愁，有吃有穿，还有玩，在他们眼中这些都是应有尽有的，不用努力就可以取得，让孩子有这种想法是可怕的，老师要教育孩子我们所用到的一切，都需要努力拼搏才可以取得。有时候，让孩子想要一件东西并不是那么容易的，要想取得也要付出努力，并给他们创造取得金钱的机会，这样对于培养他们的理财能力很有帮助，能提高他们的财商。比如说，有一个孩子想要一双溜冰鞋，但是需要花费很多钱。这时候，我们要告诉他，可以给他出大部分的钱，但是还有一小部分需要自己付出努力才可以得到，可以让他们做一些家务，比如用刷碗、扫地、洗衣服等来赚取。家长可以根据时间的需要给孩子适当的钱，让他在一定的时间内凑足一定数量的钱。这样，孩子才会对所得到的溜冰鞋进行充分的利用，并感觉只有拼搏才能取得。

第五节　儿童理财教育之现状及对策

多少钱可以宠坏一个孩子？金钱是把“双刃剑”，富裕的生活本身不会对孩子有害，但如果缺乏健康完善的价值观的指导，它就会对孩子产生负面影响。帮助他们改正这些错误，树立正确的金钱观，培养理财的能力，这是教师和家长的基本责任和义务。

一、调查现状：中学生“日光族”

近些年，“月光族”在职场年轻人中已经屡见不鲜，他们通常喜欢追逐新潮，只要吃得开心，穿得漂亮，玩得新潮刺激，根本不在乎钱财。“月光族”们每个月的收入基本都应付了吃喝玩乐的开销。而在中学生中出现的“日光族”，则是“月光族”的升级版，他们往往在一天之内花光手中的钱，转天再从父母那儿支取。

据某媒体调查报道，南京某中学一名高二的男生表示，每个月家长只给他 500 元零花钱，这包括他的午饭钱、上下学的乘车费和买电脑报等所有零散开销在内，日子过得紧巴巴的。他给记者算了这样一笔经济账：每天的午餐要花 5～8 元，每个月按在校 22 天计算，也要花掉 150 元左右；每天上下学要坐公交车，每个月是 100 元左右的费用，这还不包括遇到天气不好或紧急事情打车的费用。剩下的 250 元的零花钱，大致是这样分配的：自己的手机费每月 30～40 元，买一些书报杂志 50 元左右，还有同学过生日送礼物、买文具等。另外，每个月他跟几个关系不错的同学还要改善一下中午的伙食或者到体育场馆打打羽毛球。这样算下来，500 元零花钱到月底就不会有什么结余了。参加调查的中学生手中或多或少都会有零花钱，有的按月领取，有的则是每天都找家长要钱。零花钱少的，每天也要消费 15 元左右，多的每天在五六十元甚至更多。根据统计，被调查中学生每月的零花钱在 500～1200 元不等。他们手中的钱大多是用作自己的午餐费、交通费和一些交际费用。只有极个别的学生每个月的零花钱会有结余，而且尽可能不跟家长汇报零花钱的去向。

因为家庭环境不同，中学生们对自己“每月有多少零花钱才够花”看法不一。近一半的学生认为，每月有 600 元零花钱是比较适合的。绝大部分学生表示，家长并没有给自己一个具体的消费建议，只是笼统地告诫他们“省着点花”。

二、教孩子理财的五步骤

1.　定期发放零用钱。可以严格执行约定时间到才给下一次的零用钱。一开始，父母可以“周”为发放零用钱的时间单位。等到孩子习惯后，时间慢慢拉长为“月”。这种方式除了可让孩子学习在固定时间内分配金钱消费之外，也可训练孩子的用钱能力。

2. 培养记账习惯。由于孩子年纪小，或不知如何记账，刚开始时，父母可帮助孩子将未来一星期所需的花费记录下来，然后逐日补上额外支出项目，慢慢养成孩子记账的习惯。等到建立几次记录后，慢慢放手让孩子自己记账。该步骤的好处是，父母可借此检视孩子的消费倾向，若发现有偏差，可适时纠正。

3. 培养储蓄观念。储蓄是理财的基本，若儿童能建立良好的储蓄习惯，意味着理财观念已开始萌芽。父母们不妨从买给孩子储钱罐开始做起，鼓励他们存钱。为增加存钱动能，父母可以设定存钱目标，当孩子达到目标时，给予额外奖励。

4. 开设银行账户。为建立孩子“自己的钱”的观念，父母可以为孩子在银行开立单独账户。此外，当父母到银行办事时，不妨也把孩子一起带去进行机会教育，让孩子了解银行作业流程、ATM 功能等。若父母已开始利用此账户理财，则可利用银行对账单、投资报表等，向小孩说明，让他们亲身感受“复利”的效果，激励孩子多储蓄。

5. 建立理财目标。理财的最终目标无非是希望能理性消费，提高消费能力，因此父母可与小孩讨论建立储蓄目标，例如购买玩具、脚踏车、溜冰鞋等，然后协助孩子从每个月的零用钱当中，规划出一个时间表，通过目标建立孩子的预算观念。严格来说，这五大步骤并无高深学问，亦不难达成，但是需要耐心与毅力去执行。美国首富洛克菲勒的子女理财教育，亦是从这五大步骤开始，尤其是定期发放零用钱、记账、建立理财目标，更是他最重视的三大步骤。不过在此要提醒的是，训练理财的内容必须依照孩子心智发展情形而定，切莫心急，以免损坏亲子关系，也破坏孩子理财乐趣。

三、小结

正确看待金钱理财教育包括三个方面：赚钱、花钱、管理。赚钱是得到金钱的方式；花钱是消费；管理是对金钱的态度。在日常生活里教孩子正确对待金钱、运用金钱，使其从对金钱的接触中学习自尊、自立、责任才是最重要的事。

将理财教育纳入学校、家庭。学校、家庭应把以怎样赚钱、花钱、存钱、与人分享钱财、借钱和使钱增值为主要内容的理财教育纳入青少年整个成长教育之中，使孩子生活在一种具有强烈理财意识的环境氛围之中，逐渐形成善于理财的品质和能力。

第六节　合育视角下儿童理财教育

合育的主要目的是通过学校不断提高家庭理财教育水平，构建良好的家庭理财教育系统；同时，引导家长积极配合学校教育，不断提高学校和家庭理财教育的效果。

人是经济动物，现代社会是金钱社会，人的许多活动都要参与到社会当中。因此，良好的理财素质与理财能力是人得以生存和发展的必备条件。理财就是对于财富的经营管理活动，目的是实现财富的增值。而现代理财素质的养成需要一定的理财教育，理财教育是现代教育的重要内容。在我国，理财教育还是一片空白，在我国的学校里仍没有真正开设有关理财的课程，同样地，很多家长的理财教育意识还停留在控制孩子的开支上。理财观念的培养，不仅是孩子成长过程中最具意义的一课，更是为孩子未来发展所储备的“第一桶金”。

一、合育模式产生的背景

中国青少年研究中心的调查显示，当前我国儿童经济状况呈现出两极化的现象，有 31.2%的家长不给孩子零花钱，32.6%的儿童表示自己没有零花钱。从个人积蓄来看，16.7%的儿童没有积蓄，83.3%的儿童拥有一定数额的个人积蓄， 其中 17.5%的儿童的个人积蓄在 5000 元以上。有的家长不允许孩子拥有金 钱，不允许孩子花钱，包办孩子的消费行为；而有的家长则恰恰相反，随意满足孩子的金钱愿望，对孩子的消费缺乏监管。这些现象都严重影响到学校的理财教育。

儿童理财教育是建立在家长的理财教育意识基础上的。现实中，有的家长在理财教育方面做得较好，但是部分家长则存在一定的问题：有的家长认为孩子的主要目的是学习，没有必要拥有钱，钱会让孩子分心，反而甚至担心孩子有钱会变坏，这些家长不给孩子钱，不是因为家里缺钱，而是因为他们认为接触金钱会对孩子产生不好的影响；有的家长认为“有钱能使鬼推磨”，喜欢用金钱打通各种关系；有的家长消费观存在问题，比如盲目消费、攀比消费、面子消费等非理性消费，或者过于“抠门”……学校的理财教育必须建立在儿童拥有自己财富的基础上，建立在儿童拥有自己支配财富、开展经济活动权利的基础上。这是理财教育的根本，因为对身无分文的孩子来说，开展理财教育如同对牛弹琴一般。所以学校需要和家庭携起手来，理财教育才能事半功倍。

二、合育模式的基本含义

合育，即学校与家庭之间的合作共育。合育意识是现代教育的基本理念，其目的是树立大教育观，形成一个系统的教育工程。合育模式就是围绕教育的整体目标而开展的结构化、系统化的教育活动。总结当代合育实践经验，笔者认为，家校合育模式可以简化为“1—2—4”结构，即明确一个目标，优化两个途径，完成四项任务。其大意如下表示：

“1”是指明确理财教育目标。理财教育的目标到底是什么？有的学校在理财教育实践中突出了“理财”而忽视了“教育”，过于注重培养理财“小达人”，注重各种理财技能，而忽视了理财教育的根本目的是培养儿童的核心素养，这就窄化了理财教育的内涵。理财教育的真正目标是通过儿童的经济生活，逐步认识财富形成、使用和保管等规律，具备理财的基础知识、初步的理财能力和良好的理财习惯，学会合理生活。在此基础上，进一步形成儿童自立、节制、感恩、诚信、责任、勤奋的品质。

“2”是指为了实现理财教育目标而构建的两个理财教育系统：家庭理财教育和学校理财教育。在两个系统中，虽然学校教育起着主导作用，但是家庭教育却因其特殊性起着制约性的作用。事实上，儿童不良的消费习惯主要源于家庭；反过来，儿童良好的消费习惯主要也源于家庭。因此，合育的主要目的是通过学校不断提高家庭理财教育水平，构建良好的家庭理财教育系统；同时，引导家长积极配合学校教育，不断提高学校和家庭理财教育的效果。

“4”是指为了完成上述目标和任务，学校需要开展以下四项工作：

第一，了解与研究家长。学校开展理财教育必须先了解家长对理财教育的看法，努力发现家庭理财教育中存在的问题，并帮助家长分析、解决出现的问题。该环节在合育中起着基础性的作用，对了解与研究家长对理财教育的看法，具有重要意义。

第二，教育与引导家长。根据《教育部关于加强家庭教育工作的指导意见》，学校应该承担起教育与引导家长的重要职责。教育与引导家长一般是通过家长来学校实现的，大体要完成两个方面的任务：一是学校应根据理财教育的思想，引导家长改变自身错误的财富观念和消费行为；二是引导家长注重理财教育的重要意义，掌握理财教育的基本知识和技能，根据儿童不同的年龄特征来开展理财教育。

第三，指导与服务家长。该环节的任务是解决家庭理财教育实践中的问题，这主要通过一系列的儿童经济活动来展开：首先，学校应该根据家庭的普遍性和特殊性，设计出具有一般意义的家庭理财教育计划，尤其要根据不同的家庭设计出不同的家庭理财教育课程，比如指导孩子阅读相关书籍，指导孩子存钱，监督孩子消费，督促孩子记账等；其次，协助家长解决儿童理财教育过程中出现的问题，提供有针对性的服务，比如向家长提供孩子在校的消费情况。

第四，引导家长配合与协助学校。学校开展理财教育需要通过一定的课程或活动来实现，在理财课程的开发与实施中，有的活动学校可以单独解决，有的活动需要家长的配合，有的活动甚至需要家长直接参与。比如学校开展儿童义卖等综合性实践活动，就需要家长对孩子的行为予以一定的支持。安徽省合肥市南门小学是家校合作开展理财教育非常成功的学校，家长积极参与到学校的理财教育活动中，和孩子一起阅读《小狗钱钱》，带领孩子开展课外模拟体验活动，在银行或金融机构工作的家长开设相关课程（知识讲座），这些都是家长配合学校参与理财教育的典型做法。

三、合育模式下理财教育的几点建议

很明显，合育视角下的理财教育打破了学校单干的传统，形成学校指导下的家校合作共育新格局。学校在设计理财教育的活动过程中必须要注意以下几点：

第一，理财教育课程应以儿童生活课程为主线。儿童理财课程不是一般的学科课程，也不是围绕某种知识结构而展开的。生活中，儿童首先是以一个“消费者”的身份出现，因此，必须要让孩子与金钱打交道，在与金钱打交道的过程中，从普通地购买一支笔、一本书、一瓶饮料开始，树立一种合理的消费观念，理解金钱到底意味着什么。任何剥夺儿童应有的经济活动，以种种借口将儿童强行隔绝于经济活动之外的理财教育都是错误的。所以，儿童理财教育是基于现实的教育，围绕儿童生活，为了儿童生活，这是儿童理财教育的根本属性。

第二，理财教育应把分散课程作为主要渠道。开展什么教育，许多人第一反应是开发一门课程，其实这是对课程化的狭隘理解。因为我们不能指望一门理财教育课程就能够解决理财教育的所有问题，所以理财教育要通过分散课程来实现。与儿童相关的理财课程分散在不同的学科之中，像语文、品德、数学、科学等课程就蕴含了大量与理财教育相关的内容。再就是要通过各种活动课程，如班会、少先队活动、综合实践活动等课程来开展理财教育。当然，最重要的课程还是学校设计的家庭理财课程，家庭理财课程是通过适度的亲子活动和合理的家庭经济生活共同实现的。

第三，理财教育课程应处理好统一性与选择性的内在关系。理财教育需要一个统一的目标，这是基本的要求；也需要差异性的目标，因为不同的学生需要不同的教育方法。统一性理财课程主要针对大多数的孩子，目的是让他们懂得如何进行合理的经济生活，逐步认识金钱、支配金钱和保管金钱。认识金钱，就是要认识金钱的本质，它来自人的劳动，金钱的价值从根本上说是人的价值；支配金钱，就是要合理地消费，不要过度消费、攀比消费和盲目消费，要培养节制的品质；保管金钱，一来可以确保金钱的安全，二来可以实现增值的目的。孩子也能更加明白，只有适度地认识金融产品和金融规律，金钱才可以产生新的价值。差异性理财课程则是针对那些对理财有特殊需求的孩子设计的，这种课程更加专业、要求更高、目的也更加明确，就是要培养理财小达人。有条件的学校可以根据自身条件，同时在借助家长和社会资源的基础上加以尝试。

家庭开展理财教育具有得天独厚的条件，家长应该高度重视儿童理财教育的重要性，在积极配合学校搞好理财教育的同时，更要合理地安排好家庭经济生活，逐步培养孩子良好的财富素养。平时家长对孩子进行理财教育可以采取这几种方式：一是“申报制拨款制”，每周固定消费是什么，需要多少钱，应略高于消费预算给钱；二是“定期汇报制”，每一次给钱时让孩子汇报上周（月）消费情况，然后再给下周（月）的；三是“不定期抽查制”，可以根据孩子消费情况不定期地对孩子用钱的情况进行抽查；四是“专项审计制”，可以对孩子较大金额的使用和保管情况进行“专项审计”，进行有效监督。第一，随着年龄的增长，孩子个人积蓄越来越多，可以给孩子开个账户，让孩子体验财富的增值过程。第二，可根据家庭情况，适度地开展公益活动，鼓励孩子将自己的积蓄用于公益活动。第三，适时带领孩子到自己的工作场所，看看大人的财富是怎么获取的；带领孩子到商场、菜市场看看日常交易情况，体验金钱的价值。第四，注重“互联网+”时代财富积蓄、消费、投资的新变化，体会当代财富运行的新特征。第五，谨慎对待有偿劳动，可以将家庭劳动分为必要劳动和志愿劳动两个部分，鼓励孩子帮助家长完成一定的额外劳动。当然父母可以根据情况适度地对孩子进行物质奖励，但不要让孩子感觉到家务劳动是自己赚钱的渠道。

总之，学校需要树立合育意识，从财富素养角度明确理财教育的目标，完善家庭和学校两个理财教育体系，充分地了解家长理财教育状况，提升家长理财教育意识与能力，指导家长开展适度的家庭理财教育，积极引导家长参与学校理财教育活动。同时，更需要家庭的配合和支持，家庭要给予孩子必要的经济支持。通过家校合育，不断优化家庭和学校的理财教育，才是提升理财教育效率的有效方法。

第七节　儿童理财教育的培养

在当代社会，幼儿的理财教育还没有被重视，有相当一部分家长在处理幼儿与金钱的关系时，存在认识误区：幼儿代表纯净，而金钱代表世俗，幼儿时期进行理财教育影响幼儿健康。现在的孩子不懂得爱惜财物，损坏、浪费的现象非常严重，认为家长的钱是从银行里变出来的，孩子见到吃的和玩的就要买，不给买就又哭又闹。因此，对孩子实施科学的理财教育，培养孩子的经济头脑，是现代幼儿教育的当务之急。在幼儿园中，游戏是幼儿生活的全部，游戏是对幼儿进行全面发展教育的重要形式。幼儿能否将理财与自主性游戏相融合，在获得游戏乐趣的同时，理财能力也能得到良好的发展，带着这样的思考，笔者进行了实践研究。

一、在自主性游戏中培养幼儿劳动创造财富的观念

培养幼儿理财观念，首先就是要培养劳动创造财富的观念，否则孩子就有可能产生只会花钱而不知道钱从何来的后果，这将直接影响孩子一生。自主性游戏是学前儿童按照自己的意愿，以模仿和想象，借助真实或代替的材料，通过扮演角色，用语言、动作、表情等，创造性地再现周围社会生活的游戏。因此，我在幼儿自主性游戏时为每位幼儿做一本存折，在游戏中幼儿通过打工、制作等形式赚钱，老师将幼儿赚的钱存入他的存折，当幼儿要购物、娱乐时再用存折去银行领钱，只有当存折上有钱时幼儿才能顺利地从银行领取现金去消费，通过这样的形式来督促幼儿通过劳动去创造财富，同时自主性游戏也得到了有效的开展。

案例：

观察时间：2011 年 9 月 6 日

观察对象：周哲然、顾婷、戴鸿亮

观察地点：大二班观察区域是加工厂

自主性游戏开始了，周哲然小朋友快速地将小椅子塞好，拿起游戏牌来到了加工厂，“许老师，我今天想做几个花手镯可以吗？”他一边从加工厂里拿材料，一边对着我说。“可以啊，做得好的话还能卖个好价钱呢！”我笑着对他说。“啊！真的啊？那我要好好做了。”他说完拿了个饮料瓶用小剪刀开始剪，嘴里还自言自语地说：“这么宽的一个手镯应该够了吧，恩，就这么宽吧！”他一边说一边剪，“好了，可以开始装饰了，做个什么颜色的好呢，这个黄颜色不错。”他说完拿起黄色的彩条开始往

上绕。这时戴鸿亮与顾婷都不约而同地来到了加工厂，“周哲然，我们跟你一起来做手镯吧，好吗？”“好的啊！”周哲然一边回答一边小手不停地绕彩条。“我今天想做一个红色的了。”顾婷边说边小心翼翼地缠着彩条。“那我就做一个蓝色的吧！”戴鸿亮一边找彩条一边说。不一会工夫周哲然开心地说：“老师，你看我的手镯做好了，这个能在我存折上加几元钱啊？”“恩，手镯做得不错，如果能在上面装饰得更漂亮的点话就能得个5元钱。”“5元钱啊！”周哲然开心地说，接着又安静地开始装饰手镯了。“老师我的也好了。”戴鸿亮一蹦一跳地走到我跟前说。“恩，这个蓝色手镯真不错，给你5元钱吧！”我一说完，戴鸿亮赶紧将他的存折递过来，我将钱打在他的存折上，他接过存折开心地数了数说：“我存折上已经有25元钱了，我去买棒棒糖吃了。”这时加工厂里的另外几个孩子都在安静地进行制作，期待自己的作品能多挣一点的钱。

分析：周哲然小朋友平时是一个缺少耐心的孩子，以往在自主性游戏时很喜欢流窜，不能安静地进行游戏，但是自从每个孩子都有一本存折以后，他游戏的积极性比以前高多了，今天在游戏中他来到了加工厂，能够利用半成品安静且有耐心地制作出漂亮的手镯，最后我在他的存折上加了5元钱，从他的笑容中看出了通过自己劳动获取钱币的满足感。

游戏是孩子生活的写照，我们创设各个区角让孩子尽情地游戏，班级就像是一个小社会，里面也应该有自己通用的货币，因此在自主性游戏时都会创设一个银行。现在的孩子条件都比较优越，当他们需要用钱时就由父母埋单，所以他们从来不考虑钱是如何来的，每次在自主性游戏时，都会看到银行前挤满了领钱的顾客，领了钱以后去超市、美食坊等消费。但是一些加工厂等需要孩子自己动手操作的地方往往每次都只是几个有耐心的孩子在安静地进行游戏，为了能让整个自主性游戏互动起来，我为每个孩子制作了一本存折，孩子只有当自己的存折有钱时才能去银行领钱，并且领取多少就划掉多少，在加工厂制作东西是孩子存折上的钱来源之一，所以孩子要消费就必须先赚取，这样孩子的积极性就被调动起来了，在自主性游戏开展的过程中，也培养了幼儿劳动创造财富的观念。

二、通过自主性游戏培养幼儿适度消费，勤俭节约的观念

现在的孩子衣来伸手饭来张口，都是在家长的溺爱下成长，孩子想买什么就买什么，对于如何理财，很多孩子毫无概念。在班里我们创设很多的游戏角色，如棋社、超市等一些消费的场所，在游戏中，如果孩子要消费那么就用存折到银行去领钱，如果在游戏中孩子乱消费那么他存折上的钱很快就会用完，这样他就不能再买任何的东西，所以孩子在游戏时必须勤俭节约、适度消费，这样才能保证游戏的正常运行。

案例：

观察时间：2011 年 10 月 11 日

观察对象：韩晖、姚小

观察地点：大二班观察区域是银行

游戏一开始韩辉小朋友拿了自己的存折来到了银行。“你好！”韩辉来到银行有礼貌地将存折递给了工作人员姚小。“你好！”姚小也很有礼貌地接过存折。“请问你要领多少钱？” 姚小边打开韩辉的存折一边问。“我要领 20 元，”韩晖想都不想直接说。“你存折上的钱不多了，如果领掉 20 元那你存折里就只

剩下 2 元钱了。” 姚小一边算一边提醒韩晖。“啊？就剩 2 元啦？” 韩晖不确定地问了一下。“是的，还要领吗？” 姚小问道。“那还是少领一点吧，我今天方便面和棒棒糖就不要买了吧。”韩晖很不情愿地说。“那你要领多少呢？” 姚小探着头问。“就领个 10 元钱吧。”韩晖说：“好的。”姚小一边说一边递给韩晖 10 元钱。然后熟练地用笔在韩晖的存折上画掉 10 元。“2 元加 5 元加 5 元就是 12 元，” 韩晖慢慢地点数着自己存折上的钱。

分析：韩晖小朋友家里条件很好，平时又特爱吃零食，所以游戏一开始他又想领钱买一大堆吃的东西，后来在姚小小朋友的提醒下，他发现自己存折上的钱已经很少了，这时他一下子少领了一半的钱，在后来的游戏中，在购物时也有所节制。

教育家霍夫曼先生研究表明：可以对 3 岁的幼儿进行初步的理财教育，因为他们能够初步理解别人的情感，能够体会到父母赚钱养家的辛苦，从而引发自身情绪反应，增强热爱父母的情感，初步形成节约的意识。3 岁时幼儿已有了初步的利他主义行为，这也为理财教育中的道德情感教育提供了理论支撑。通过自主性游戏让孩子认识到赚钱的不容易，花钱需适度的观念，不仅使孩子树立正确的金钱观，而且更能增加对父母的热爱。

现今社会家长与学校对幼儿理财这方面的教育存在着严重的缺失，一方面，因为传统的观念认为金钱是世俗的，不应让幼儿过早地被“污染”，所以家长和学校不会让幼儿接受理财方面的教育。殊不知，就算是中国的传统教育，也提倡“君子爱财，取之有道，用之有度”。另一方面，认为幼儿还小没有必要培养这方面的能力，等幼儿长大了自然会有理财的观念与能力。

其实不然，理财能力和其他能力是一样的，越早让幼儿认识及掌握理财的能力，对其以后的人生越有利。在自主性游戏中发展幼儿理财能力，帮助幼儿全面发展。

第四章 “财商教育”探索与实践

据2015年某媒体发布的统计数据显示：“90后”，三成以上需“啃老”，近四成是“月光族”，也不知从什么时候起，“啃老、月光族、卡奴、有钱就任性”等，竟成了现今社会的网络热词。出现这种不容乐观的社会现象的原因是多方面的，但笔者认为，这与“财商教育”的缺失是有一定关联的，为此，在这里谈谈小学“财商教育”这个既陌生又比较敏感的话题。

一、何谓“财商教育”

“财商”这个词最早出现在《富爸爸，穷爸爸》这本书中，它是指一个人驾驭金钱，与财富打交道的能力。它和智商、情商，已并列成为现代人必须具备的三大素质。一谈到财商教育，许多人往往把它等同为金钱教育或理财教育。其实，在小学阶段，财商教育是一种价值观的教育和综合生活能力的教育。因为，财商教育在小学阶段，主要是引导学生正确认识钱是什么？怎么管理？从而树立正确的金钱观、劳动观和财富观，养成勤劳、独立、自控、责任等美德。

二、为什么开展“财商教育”

（一）基于当下现状

随着物质生活水平的提高，“富裕病”在蔓延，很多孩子对钱没概念，把父母当成“取款机”，并且浪费严重；认为父母给予自己是应该的，自己坐享其成也是理所当然的。前不久，北京一些媒体报道了这样一则新闻：有个13岁的男孩小虎，就是不愿去上学，父母无奈，只好把他带到北京市青少年心理健康咨询中心治疗，小虎最终道出了理由是“我家有14套房子，自家用2套，另外12套出租，每年的租金够我花几辈子了，还用得着去上学吗？”父母辛苦创造的财富，竟成了孩子成长路上的障碍，变成了一种伤害。

（二）着眼儿童未来

社会商业化、经济全球化、互联网颠覆世界的背景下，不管你接不接受，乐不乐意，经济独立、财务自由成了公民生存的必然追求。为了孩子将来能顺利地步入社会，从小懂得契约精神、学会独立和担当是非常重要的。如果认为小时候不进行财商教育，长大后能无师自通，那可能会失望的。因为儿时的行为习惯和思维方式一旦形成，长大后就很难改变，所以有“三岁看大，七岁看老，童蒙养正”之说。与其将来磕磕碰碰，付出惨痛代价，还不如趁早补上这一课。

三、学校如何开展“财商教育”

学校要开展财商教育，需根据学生年龄特点和现实生活发展的需求，有一个总体的规划和顶层设计。目前，蒲州育英学校重点培养孩子“不浪费、会储蓄、爱劳动、献爱心、延后享受”五种财商素养，是紧紧围绕“生活体验、私人订制、跨界整合”三个关键词展开的。

职场体验：根据科学实验证明，6～15岁是对孩子进行职业启蒙的黄金时段，而家长又是孩子的职业启蒙师，所以，某些家长为了让孩子知道“职业”长什么样，为将来就业铺垫，把

“从小接触职业启蒙”，作为孩子的成长礼物；还有“带孩子上班日”，让孩子真实体验父母的工作等。学校先在有限的空间里开辟出“开心农场、爱心银行、货币展示厅”等体验场所，让孩子们拥有当“菜农银行、职员解说、员小导游”等经历。如学校有一家高仿真的银行，从“大堂经理柜员信贷员到行长”都是清一色的孩子，他们是经过海选，过五关斩六将、竞聘上岗的，在这过程中，孩子们深刻体验到了：职场竞争激烈，挣钱辛苦，拥有一份工作不容易，从而学会感恩。学校还牵手各领域家长朋友，家校携手，形成合力，利用双休日、节假日，组织、带领孩子参与各类职场体验，共同为孩子职业的未来规划打基础。

活动体验：为了让孩子从小知道“除了空气和阳光是大自然赐予的，其他一切都要靠自己努力劳动去获得”。学校定期开展“义卖、拍卖、跳蚤、市场摆地摊”等活动，让孩子在真实的买卖、交易过程中学习计算成本和利润等，从中体验到世上没有免费的午餐，做生意靠诚信经营，经营不当会亏本。事后，有孩子说：“原来生活中赚钱这么辛苦，还有风险，但蛮有意思、需要合作、也很好玩。”

公益体验：公益慈善越来越受人们的关注和重视，优秀的人做慈善，做慈善的人很优秀。如富过六代的洛克菲勒家族，在《洛氏家族零花钱备忘录》中明确规定：“至少20%的零花钱用来捐献。”所以，小学财商教育要牵手慈善，用理性的爱成就孩子。为此，学校成为“世界温州人微笑联盟：爱的教育基地”，成立了“蒲州育英爱心微基金”，成为“温州市公益能量罐首个实施基地”，开展“爱在这里”的主题教育活动，如“听爱的声音”“走在爱的路上”“见证爱的奇迹”等三部曲公益系列活动。

在公益慈善中，孩子们学到的爱心、善念，那是花多少钱，上校外多少个培训班都学不来的。为了让孩子们在财商教育中遇见更好的自己，就要让他们从小多接触公益慈善，让高尚根植于孩子们的心中。

第一节　财商教育的共识与误区

对我国当前财商教育中存在的共识与误区进行分析，认为：财商教育的目标设定应兼具多元化和可操作性；财商教育的内容应与目标相一致，并且不能生搬硬套国外的内容；财商教育的形式应系统化，并应调动学习者的积极和主动性；财商教育效果的评价应分类进行，围绕受教育者的满意度和收获感构建指标体系。

一、财商教育的目标

“财商”一词最早是由罗伯特·T.清崎在其全球畅销书系列《富爸爸，穷爸爸》中提出的，他认为：“理财智慧是我们头脑智慧的一部分，是我们用以解决财务问题的智慧。而财商是对理财智慧量化后的值，它关系到如何量化我们的理财智慧。”在对财商进行五类划分的基础上，他进而提出财商教育的目标就是开发理财天赋、达到财务健全、追求财务自由。

相比之下，我国学者对财商教育目标的定位要宽泛一些。例如有研究者认为中小学生财商教育的目标是：“从观念到行为贯穿到日常生活许多领域中的全方位的教育——即不仅是教人如何挣钱、赚钱、攒钱，更重要的是教育孩子们如何花钱、用钱，还要让他们懂得如何与人分享钱，并从中得到快乐和幸福。”对大学生实施财商教育，是为适应市场经济和社会发展、全面推进素质教育，还可以促使大学生们理性消费，培养其创新精神和创业能力，缓解就业压力。有人认为应该以财富为核心来定义财商，财商就是：“一个人在市场经济中根据市场规律，创造财富、管理财富与运用财富的能力。”也有人从人文价值的视角定位财商教育功能认为，它可以引导人确立在财富面前的主体地位，培养人与市场经济相适应的道德品质，帮助人实现自身的全面发展。

由此可见，关于各种财商教育目标的定位尽管都有以“钱”或“财”为出发点的共识，但在侧重点上似乎有两种不同的倾向：一种是较简单直观的“能挣会花”，完全围绕金钱和财富做文章，这种观点在许多家长对其子女财商教育目标的理解中尤其有市场；另一种是较为宽泛和多角度的功能，如包括了专业教育、素质教育和价值观教育等，这种观点在学校主导的财商教育目标设定中更为多见。笔者认为，这两种倾向都有失偏颇，前者只治标不治本，忽视了财商教育的基础工作；后者目标过于宽泛，在实施中可能会眉毛胡子一把抓，很难具体奏效。相比之下，笔者认为，罗伯特·T. 清崎界定的“达到财务健全”倒不失为一个兼具多元性和可操作性的财商教育目标，而“开发理财天赋”和“追求财务自由”就有些玄奥和模糊了。

二、财商教育的内容

财商教育的内容主要是由目标设定来决定的，因此，在实践中也就相应的有两种倾向：一种是侧重于理财知识和技能的教育和培养；另一种是侧重于价值观和全面素质的树立和形成。更多的是提供一个综合化的菜单式的培养方案，包括的内容有：确立利用自己的财商致富的信念，树立正确的消费观、金钱观和理财观念；理财课程的原理、技术和方法；理财知识和相关的基本经济学原理；各类投资型的金融工具，如股票、债券、基金、理财产品的概念和操作技巧；市场风险教育等。由此可以看出，这些内容与高校中经济金融相关专业的课程设置和培养方案已经非常接近，这导致财商教育与相关的大学专业教育内容的差异和边界就非常模糊了。

与财商教育目标设定的判断标准相一致，笔者认为，罗伯特·T.清崎所构建的“财商五维”是设定财商教育内容更为全面和实际的一个框架。即第一财商，赚更多的钱；第二财商，守住你的钱；第三财商，预算你的钱；第四财商，撬起金钱的杠杆；第五财商，改善你的财务信息。这五个维度的财商内容都有各自的目标、理念、知识和技能，共同作用达成财务健全的总体财商目标，既有较为稳定的逻辑关系，又有可实际操作的方法指南。

必须强调的是，在运用上述“财商五维”构建我们国家的财商教育内容时，可取的更多的是其体系框架和思路方法，而不能生搬硬套、照单全收其所有的内容。比如，清崎认为投资赚钱的最重要的途径之一就是通过房地产投资，这在特定的时期或特定的地域可能有其合理性，尤其是他本人对这一领域非常熟悉，但放到我们国家当前环境里可能未必合适。再比如，清崎认为守住你的钱的最重要的考虑就是如何合法合理地避税，这一思想与他对其所处国家联邦政府的价值功能及其税收政策的评判有关，也与其所处的税收环境有关，同样的理念和方法放到我们国家的环境里就要因地制宜地去考虑。

更为重要的是，在当今的金融投资领域里有着不同的流派对应着不同的投资理念、技术和方法。“财商五维”中最为推崇的是巴菲特，其主要采用公司基本面的分析方法，对分散投资的思路嗤之以鼻。巴菲特当然是成功的，罗伯特·T. 清崎也是成功的，但采用同样的投资方法的失败者恐怕更多。相反，分散投资的思路实际是现代投资组合理论的核心思想，其创始人马克维茨和在其基础上研究出资本资产定价模型的威廉·夏普都是诺贝尔经济学奖的获得者，他们的理论和方法在当前金融投资和风险管理领域也居于主流地位，轻易否定或完全摒弃分散投资的理论方法无疑是不明智的。当然，鉴于金融投资理论方法的博大精深和自身的有限理解，笔者在此既无力也无意地去评判某种投资方法的是非长短，只想借此说明财商教育内容的设定应避免僵化和片面化。

三、财商教育的形式

关于财商教育的形式最具代表性的共识似乎就是构建由家长、学校、政府、社会共同参与的财商教育体系，这种共识形成的基础既有对教育方式系统化的理解，也有对国外尤其是欧美国家财商教育实施推广经验的学习。有学者考察欧美国家的财商教育形式，发现美国关于青少年的财商教育开展得最完善、最系统。在家庭教育方面，美国的父母把财商教育叫作“从三岁开始的幸福人生计划”，因此，大多数美国孩子接受的财商教育都是贴近生活的。在学校教育方面，1994 年的《联邦中小学教育法案修正案》标志着联邦政府正式将财商教育纳入学校正规教育的课程体系，2003 年的《金融扫盲与教育促进条例》则正式把面向全民的财商教育纳入国家法案。在政府组织保障措施上，美联储专门开设社区事务办公室和公共信息办公室，具体负责金融基础教育工作，并在12个联邦储备银行设立相关机构予以具体落实，并由联邦政府、美联储和相关社会机构共同合作筹措所需教育资金经费。在英国，政府从2008年开始规定必须对4～19岁的中小学生开展金融知识教育，并将财商教育写入国民教育体系大纲，从2011年秋季开始，中小学生的必修课中加入了储蓄和理财的内容。英国金融服务管理局（Financial Services Authority，FSA）是英国最主要的财商教育管理机构，其于2003年10月成立了“金融能力指导委员会”，专门负责提高国民金融素质的总体规划，并协同有关单位共同推进财商教育工作。2010年4月成立了“消费者财商教育局”（CFEB），系统全面地组织开展其国内的财商教育工作。

应该说，系统性地构建财商教育的多层次多元化体系，在一定程度上反映了全社会对财商教育的广泛需求和高度重视，在财商教育发展的初期有这样的推动力是应该的，也是必需的。但需要注意的是，财商教育体系的建设要避免强推硬上、大水漫灌的运动式的误区，而应该讲求实际的效果，尤其要充分调动“受教育者”积极主动参与，或者为调动其学习相关财商知识和技能提供条件，营造氛围。在这一点上，我们的邻国日本的一些做法比较可取。相关资料显示，日本不但在上千所中小学推广采用东京证券交易所编撰的名为《股票学习游戏》的教材，还在日本教育部、品川区政府和花旗集团的资助下，由青少年成长中心这一全球性民间非营利机构，首次在日本兴办起一个“学生城”，将繁华的商业街搬到了学校里，让学生们在“学生城”中的银行、便利店、公司中打工赚钱，从而在工作中体验成人世界里的经济理念和行为，形成最直观和感性的经验。

四、财商教育的评价方式

与财商教育相关的评价方式在现实中包括两个方面的内容：一是对财商本身的衡量和测评；二是对财商教育效果的评价，这是两个既有联系又有区别的领域。

关于财商的衡量和测评，如前文所述，尽管罗伯特·T.清崎认为“财商是对理财智慧量化后的值”，但从其著作中我们并没有看到确切的对一个人的整体财商进行测评的方法和结果，而最多只能在决定财商的五个维度上分门别类地衡量。有国内的研究者构建了比较复杂的财商测试指标体系，其中包括了对市场知识的掌握，如微观经济知识、宏观经济知识、机会成本收益分析；财富创造能力，如收入、市场机会识别与把握、投融资、自我人力资本投入；财富管理能力，如储蓄投资比、风险意识、支出收入比、信用管理。但这一体系是否有稳定有效的解释力，还有待研究和观察。

虽然，我们不能陷入这样的误区，以为由于财商测评不能整体进行，也就不能进行财商教育效果的评价。关于财商教育效果的评价目前不但是可行的，而且是应当的。因为当前全社会对财商教育的需求非常强烈，提供财商教育的主体也多种多样，迫切需要有一个最基本的评判标准。至于评价方式，可以考虑将知识教育、技能教育、理念教育等不同性质教育内容分类评价，或对整体教育内容以满意度或收获感等指标分级打分，以此鼓励提供教育的机构真正从“受教育者”的切实需求出发设计财商教育的内容和形式。

第二节　值得学的财商教育

一、配置少儿保险

没有比保险更好的抵御意外、疾病风险的手段了，孩子同样也需要这样的保障。

孩子出生后就有国家医疗保障体系的基本保障——城镇居民基本医疗保险。它保费便宜，在医保覆盖范围内，可报销 50%～70% 的医药和住院费用，在查出患病后仍然可以投保并正常报销。

北京、上海、苏州、成都、郑州等城市都有较齐全的社保少儿医疗保障，报销比例最少 50%，最高 80%。各地社会互助性保障制度还能在这个基础上补充。但这类保险每年要在固定时间段内办理和缴费，错过了也不能补缴，年费用最多几百元。

二、0～16 岁：少儿消费型重疾险

如果有重大疾病，自费部分的金额不是小数目，医保目录外的药品和器材是全额自费的。重大疾病的治疗费用可能超过少儿医保的最高报销额。这些支出只能通过商业重疾险分担。

商业重疾险的好处是有更方便的给付型——不需事后报销，疾病确诊后持正规医院的确诊报告和医师级医生出具的诊断报告，就能申请理赔，比报销型更及时。中国人保上海分公司个险营销部中介业务部负责人叶子健建议给孩子买消费型重疾险。因为消费险保费低、保额高，更适合应对儿童重大疾病这样的小概率但大开销的情况，年保费几百元。

住院费用一般包括医药费（非自费药与自费药）、检验费、床位费、膳食费、手术费等。信诚人寿北京分公司资深业务总

监孙呈尧认为，一些少儿医疗险对医药费可报销的上限设得高，但其他费用的补充不足或是条款含混。投保费用型保险时，最好选择医药费、检验费、床位费等项目罗列明确，并且注明了可报销比例的保险产品。

但商业儿童医疗险的保额存在制度性的限制。成人保险保障的是被保险人创造收入的能力，但少儿不具备这种能力。所以，除非附加寿险责任，否则中国法律规定少儿给付型保险的保额上限 5 万元，京沪穗等少数经济发达城市放宽到 10 万元。

三、6 岁以后：商业意外险附加医疗保障

孩子入学后感染疾病机会下降，但发生意外的概率变高。因此，学龄儿童除了基本医疗保障外，还可以选择补充附加医疗保障的商业意外险，意外产生的门诊和住院费用支出也能报销。

商业意外险以消费型居多，每年保费 100～300 元。目前，各大保险的网销产品都有复合型的儿童险，既包括重疾赔偿也包含意外赔偿，有些还包含了儿童的意外责任险。和给付型医疗险一样，儿童意外险的保额也有最高 10 万元的限额。

四、给孩子买意外险时要注意

1. 理赔范围和免赔条款非常重要。便宜的商业保险可能在免赔条例中有更多限制，赔付条款的细节则要全部弄清楚。

2. 选择对自己最实用的选项，比如烫伤、跌落、气管异物、运动受伤等。“儿童绑架勒索津贴”之类的就算了吧。

3. 附加医疗险最好选择能用于非医保类药物的，补充基本医疗保障的空缺。

五、别让孩子当守财奴

孩子花钱大手大脚，或是完全对管理自己的钱没有概念，这不能怪孩子没天赋，多半是父母的责任。好观念和好习惯都需要从小培养，别错过了这个机会。2013 年 1 月，信诚人寿保险有限公司联合中国关心下一代工作委员会、中国青少年研究会发布的《2012 中国少儿财商调研》白皮书显示，中国家长已经认识到理财的重要性，但基本上没有开展理财教育：50.1%的家长愿意对孩子进行理财教育，但是苦于找不到好方法。买卖游戏是个好办法，四五岁的孩子可能还无法理解“钱能生钱”这样的概念，可以从认识钱币、反复进行简单的交易游戏、积累每次一两样低价物品的实际购买经验开始，慢慢地建立对货币的认识。这个年龄也是建立数字概念的时间。

5 岁前的孩子每次处理的金额数字在 10 元以下，如果在家里玩买卖游戏，就从简单的整数开始，先加法后减法。每次要求购买两样或三样物品，先让孩子学会熟练加总，再锻炼找钱，让他继续熟悉减法。关于钱币的数字，也可以变成趣味问题：为什么钱币只设置这几个数字？除模拟交易游戏外，也可以在购物时带孩子去选低价物品。给 10 元钱，他们自己决定买什么，自己看价格标签，看看有什么东西是想要又能买得起的。每选择一种东西，就可以作一次数字大小的比较。带小数的价格标签，还可以教孩子做四舍五入的估算。脑科学博士、儿童思维发展机构童年汇创始人陆宇斐认为 6 岁以上已经相当了解数字的孩子，才可以使用账户，而且概念要简单，只要让孩子意识到钱不容易保管时可以选择存入银行，能通过存折上的数字了解账户情况就可以。超过 1000 元就可以存入银行账户，少于

1000 元则可以在家里自建现金账户。学管钱，从心愿账户开始给未满18岁的子女开立银行账户，你只需要带着自己的身份证、能表明监护关系的有关证明和孩子的证件：户口簿、出生证、独生子女证等就可以。大部分中资银行的工本费、年费都不会超过10元。一些外资银行还有专门针对有这种需要的儿童账户，在父母的指导下，孩子除了能存取款外，还能进行转账、换汇等。零花钱当然是账户资金的第一来源。告诉他想买东西但自己的钱又不够时，把零花钱省下来，存到心愿账户里。每一次的钱虽然不多，但累积起来会越来越多，最后能把东西买回来。财商教练吴然提出了一种奖励做法：如果孩子连续存钱，父母可以适当奖励，让他享受延迟满足的好处。账户的收入来源还可以是“打工”收入，让孩子帮父母尝试擦车、去除车上的保险标志等原本的项目，而且要陪他们一起做，也可以是长辈给的压岁钱，或者是孩子自己通过卖废旧物品等方式赚来的钱。而账户的支出一般只能用在买零食或父母不同意的开销上。等孩子上小学二年级以后，可以开始一起讨论做预算。每年过完春节，把压岁钱的总额和银行账户的总额计算出来，今年有什么消费计划，各自多少额度，时间怎么安排。

陆宇斐建议，6 岁以上的孩子可以尝试使用表格，用时间与使用类别两个分类项来记录花钱的情况。刚开始的时候记简单的流水账，坚持一段时间后，定期生成柱状图、饼图等图表，教他们学会分析自己的钱去了哪里。

如果孩子乱花账户里的钱……要看如何界定“乱花”。家长的价值观显而易见会影响到孩子。只要是家长与孩子都能接受的支出方式，那就没有问题。刚开始孩子会乱花是正常的，只要让孩子承担乱花的后果——一段时间内没有钱花。他们就容易接受计划开支这件事。家长不必因为孩子乱花钱而焦虑，帮他建立寻找合适的界限就可以。

如果孩子变小气了…… 如果孩子因此变得小气计较，说明你的方法可能有问题。 是否和孩子过多地强调了金钱的好处？是不是忘了鼓励他和别人分享？有没有让他体验到帮助别人和分享的快乐？如果没有，是家长的失职。陆宇斐认为节俭要与低价区分，并非价格低、花费少就好。在家庭承受范围内，仍要鼓励孩子分享。 帮他分清想要的和需要的，你可以通过提问让他知道想要和需要的区别：要买的东西是什么？用它做什么？这笔钱花了会对你有什么影响？得到了东西有什么好处？如果不买会有什么影响？ 不断地提问能促使孩子不断地想买这个东西的理由，直到说服你为止。你还可以帮他建立一个“想要程度分级制”，按照程度来决定先买哪一个。

六、当然也别乱花钱

要教孩子投资，至少要在孩子 10 岁以后——有压岁钱和零用钱，有消费欲，会简单的四则运算，能理解一些数学概念。 讲故事，效果最好，虽然讲故事的方式可能让人忘了去发现故事背后的法则，而是效仿故事中人物的行为，但是比起那些连家长看着都很头疼的复杂概念，要让孩子接受并感兴趣，故事仍然是目前看来最好的表达形式。舍费尔用“会下金蛋的鹅”的故事来说明要储蓄才能获得这只鹅，储蓄的利息就是鹅每天下的金蛋，但是如果太贪心，等不及把金蛋积攒起来就把鹅杀掉，金蛋就再也不会有了。你同样可以用他们熟悉的故事主角，人物、动物给孩子编写故事，去解释什么是股票，什么是基金。 把心愿变成具体的目标，无论是孩子还是大人，具体、积极的目标都能让人的注意力更集中，为了达到目标更愿意克服眼前的懒散和无序，排除其他不利于目标的实现的干扰因素，比如想买双新跑鞋而把钱取出来花的冲动。儿童理财启蒙读物《小狗钱钱》里面，12 岁女孩吉娅为了实现自己去美国短期游学的梦想，寻找赚钱的机会。她把一张印有自由女神像的图片贴在存钱的罐子上，每天提醒自己存钱、少花钱。10 岁以上的孩子可能有很多个心愿，可以鼓励他们把那些需要钱才能达成的心愿全部都写下来，并一条一条筛选，最后留下 3 条最想实现的、最重要的愿望作为目标。

第三节　专家眼中的财商教育

钱是什么？人怎样才能获得财富？

这两个问题与我们的生活息息相关，可是我们与孩子交谈时却讳莫如深。其实我们完全有理由也有义务告诉我们的孩子：钱是可以利用的工具，人应该信奉完全的经济自立，树立自己事业的观念，同时与他人、社会和国家形成良性的循环关系。

财商的概念，我认为既是与智商、情商并列的现代社会三大不可或缺的素质，也是我们的教育不可忽略更不宜回避的话题。可以这样理解：

1. 智商反映人作为一般生物的生存能力；

2. 情商反映人作为社会生物的生存能力；

3. 财商反映人作为经济人在现在这个经济社会里的生存能力。

让孩子学习财商知识不是去学会某种赚钱的工具和技术，而是学习一种有关金钱的正确观念，它让人们不再讳言金钱，并且引发了人们对金钱和教育关系的思考。我们已经到了一个需要把金钱纳入正规教育和社会教育体系的时候了。如果父母和老师不教孩子有关金钱的知识，还会有谁来教他们呢？而眼下，教给孩子们有关金钱的知识，对大多数中国人来说还是一片空白。

莎伦·L. 莱希特（《富爸爸，穷爸爸》一书作者之一）

在孩子 6 岁时父母就可以教孩子有关金钱的知识了，因为此时孩子对事物开始有一定的判断能力。父母可以带孩子到日常商业活动地方去，让孩子在生活中接触到商业运行的方式。这种教育可以做得很自然，比如带孩子到商店购物，孩子问“为什么要付钱”时，你可以告诉他金钱是如何来的又是如何的。

有人担心这样会让金钱腐蚀了孩子的心灵。我的回答是不会。因为我们同时还在教导孩子回报社会的概念，也就是说，我们教孩子的不光是钱这么一件事，还要教他们大方做人的道理。当然，很多 5～7 岁的孩子不太能很成熟地接受钱财的事情，这需要我们引导。中国的家庭素来健全、平衡，这说明他们有很好的教育，但是如果能再加强一下财务方面的知识就更好了。

姚俭建（上海交通大学教授、人文学院副院长）

中国儿童的理财教育应包括以下三个基本方面：

一、理财价值观的教育，涉及对金钱、人生意义的正确理解和价值认同；

二、理财基本知识的传授，包括经济金融常识及个人家庭理财技能和方式；

三、理财基本技能的培养，包括理财情景教育、实际操作训练和理财氛围的营造等。

第四节　家庭，幼儿财商教育的舞台

任何教育理念和行为的形成都不是一朝一夕的事，对幼儿进行财商教育更是如此，它需要家庭、社会、幼儿园坚持不懈的共同努力，使幼儿在良好的环境中进行行为练习、实践，从而更好地巩固、培养良好的财商理念和行为。只有家园同步教育，才能使每个孩子的财商教育得到有效促进，并受益终身。

《富爸爸，穷爸爸》的作者罗伯特·T.清崎说：“如果你不教孩子金钱的知识，将会有其他人取代你。”如果要让债主、奸商、警方，甚至骗子来替你进行这项教育，那恐怕就会付出一定代价了。这听起来或许有点危言耸听，但是，孩子们需要理解财富的价值和力量，让金钱发挥正面能量的作用，需要相关的财商教育。正确的财商教育，是家庭、学校、社会难以回避的现实问题。针对学龄前儿童的财商观念处于萌芽期的特点，并结合我国的实际，我们幼儿园开展了“DMBA财商教育课程”，针对幼儿财商教育进行研究。与家长的接触当中发现，现在有的家长还没有正确地认识到自己在教育中的正确位置，而在幼儿财商教育的过程中，还存在着对财商教育理念不一致的现象，很多家长都存在一些困惑和不适宜孩子的教育行为偏差，我园在进行幼儿财商教育时，特别重视家庭的教育作用，力争做到家园合作，共同促进幼儿的成长！在实践中，家园合作对幼儿财商教育的有效促进现总结如下几个方面：

一、帮助家长提高对“幼儿财商教育重要性”的认识

所谓“家园配合，同步教育”，我们在实践中主要是向家长宣传财商理念、教育幼儿的知识，帮助家长提高财商教育的家教水平，这是家长工作很重要的一项内容。幼儿园开展家长会、宣传栏等是完全必要的，但光做这些工作是不够的，还需要搞好家园间的经常联系与沟通，需要深入细致、个别化的家长工作，方能实现家园相互配合、同步教育，以促进幼儿理财能力的提高。

正如陈鹤琴先生所言：“幼稚时期对儿童一生非常重要，所以幼稚教育是儿童的基本教育，儿童在这个时期关于习惯、知识、言语、思想各方面都打了很深的根基。倘若在这个时期，根基稍稍不稳，将来要想建造健全的人格，也就不可能了。”为引导家长实施全面发展的教育，给孩子自信，并克服对孩子过度保护，作为教师，我们首先要帮助家长提高对“幼儿财商教育重要性”的认识，向家长宣传财商教育、教育幼儿的知识，帮助家长提高教育孩子的水平，使家园能配合一致地进行教育，促进孩子的发展。我们多次利用家长会、个别谈话、家访、专家介绍等形式宣传幼儿财商教育对孩子成长的重要性，通过一系列的宣传、讲解让家长认识到财商教育的刻不容缓，从而实现家园相互配合，同步教育。

二、为幼儿财商教育创设良好的家庭环境

霍姆林斯基说过一句话:“据我看来，没有比指教母亲和父亲如何教育儿童更为重要的任务了。”家庭是一个人在成长过程中的第一道染缸，它色彩的浓淡对一个人将来人生观和价值观的取向极为重要。财商教育的特点决定了家庭是主阵地，承担着比其他任何教育载体都重要的责任。

言教不如身教，父母是家庭理财和投资的演员，随时把角色扮演好是很重要的，不要以为家庭是后台，就漫不经心，小孩子随时在观察父母的言行，从小到大模仿大人的言行，由此可见家庭对孩子成长及人格塑造的关键地位。因此，父母首先要尊重金钱、尊重物质，这是最基本的事。不随意浪费、不乱花金钱，孩子才会对得来不易的财富和物质心存敬意。理财需要给孩子机会:父母可以教孩子从小养成记账的习惯，给他们一本小簿子，要他把花的钱、拿到的零用钱都一五一十地记下来，然后再告诉他们，何者当用、何者不当用，告诉他们节俭是美德。在日常生活中，父母要以自己的节俭行为影响孩子，用自己艰苦朴素的作风感染孩子。如将洗衣服的水留下来冲厕所；爱惜家庭物品，不要随便遗弃东西，要求孩子多留心关掉所有不用的灯等。父母在孩子面前就该扮演好前场的角色，因为孩子随时在学习、在观察，千万不要忽略孩子的学习能力，所以家长要为幼儿财商教育创设良好的家庭环境。

三、家园合作进行幼儿财商教育的有效方法

在幼儿教育中，家园合作的优劣直接影响幼儿发展的成败。在幼儿财商教育的实践中，总结出了一些有效的家园合作操作

策略：

（一）参与教学，转变角色

家园合作要求教师唤起家长的主人翁意识，鼓励家长积极参与教学活动，真正成为幼儿园的合作伙伴。

1. 指导家长做一个观察者。在每一次的财商课程中，我们都会有一些家长和孩子互动的环节，例如：和孩子一起到银行储蓄、和孩子一起参与跳蚤市场等，让家长作为孩子的伙伴参与到我们的课程中，和孩子一起来完成老师组织的社会实践活动，最后请家长对活动作出整体的评价，并提出建议等。这种参与式的家园活动，一方面增强了家长观察孩子的目的性；另一方面也为教师改进教育方法提出了依据。同时，让家长做几回“观察者”，从而更有效地对孩子进行财商教育。

2. 邀请家长做一个志愿者。我们的财商教育活动需要让孩子了解更多的财商信息，那我们的家长资源就是一个很好的平台，如有些家长是做理财的、有些家长是证券公司的等，对于这方面的财经信息非常专业，我们就邀请这样的一些家长朋友走进我们的教室，让他们在课程进行的过程中用一些简单的例子来和孩子们讲讲财经类信息，而每在这时，我们的孩子参与性非常强，由于家长的参与，对家长资源的有效利用，所以我们设计的每次活动开展得都很顺利。

3. 鼓励家长做一个主讲者。在家长有效参与活动后，那我们最后一个环节就是鼓励家长做一个主讲者，给家长提供一个展示自己的舞台。例如，财商课中有一节内容是“认识人民币”，我们就邀请了银行工作的家长朋友走进我们的课堂，他认真地做了准备：“钱币的起源”系列课件、人民币的各种版本图样、数钱的技能展示等，在活动中，孩子们发言积极、讨论热烈，我们教师也平等参与，很好地诠释了家园合作的定义。

（二）资源共享，优势互补

幼儿教育不只是幼儿园教育，家长们先进的教育理念和成功的育儿经验，不同的专业知识与职业背景，不同的家庭环境都为幼儿园提供了丰富的教育资源。在以上的角色转变得以实现后，我们力争做到优势互补、创新合作。

（1）优秀财商育儿经验的共享。家长是幼儿成长过程中的第一任教师，对幼儿的发展，具有不可替代的作用，他们在财商教育的过程中总结出了一些经验，我们便通过家长会、网络经验大家谈的方式让家长各抒己见，倾谈各自在教育孩子过程中的成功经验以及失败教训，以便取长补短，让大家在热烈的气氛中相互学习，共同进步，在孩子的财商教育方面取得了较好的效果。

（2）创新家园活动的合作方式。家园合作对教师和家长都是一个共同受教育的过程。对家长来说，家园合作为家长提高教育水平提供了学习的机会；对教师而言，家园合作可帮助自己不断丰富教育内容和改进教育方法。随着家园合作的广泛实施，家园合作的形式也越发新颖。例如：在节假日，我们尝试搞 “爱心义卖”，家长带着孩子自由参加，达到寓教于乐、愉悦身心的目的，活动令家长与许多的教师有了充分的交流、合作的机会，共同鼓励孩子完成游戏活动；通过家园合作，家长与家长之间的关系也越来越密切，他们因为孩子而走在了一起，使家庭之间的互助也有了可能，很多家长都根据各自的兴趣、爱好等组合在了一起，真正实现了互帮互学，共同发展。

日本人教育孩子的一句名言：“除了阳光和空气是大自然赐予的，其他一切都要通过劳动获得。”而对孩子来说，财商教育刻不容缓！理财能力的培养，更是直接关系到他们一生的幸福与发展。所以，作为新时代的家长与教师，我们更应该引领孩子懂得感恩父母，学会团队协作，促进幼儿财商的提升，为未来社会人才的成长奠定基础！

第五节　让孩子明白什么是财商

一、亲子理财个案

李凤的父母工资都比较高，又加上他们想让孩子知道金钱的重要性，尽早地教孩子学会理财，以此培养孩子的财商，就有意识地多给孩子零花钱让她自由支配。李凤拿到了比别的小朋友更多的零花钱。看着其他小朋友羡慕的眼光，她很自豪，在花钱方面大手大脚，以显示自己的阔绰。

不久，李凤就养成了攀比的不良习气，向父母要零花钱的次数越来越多，数目越来越大，此时李凤的父母才发现给孩子多一些零花钱不仅没有提高孩子的财商，反而使孩子养成了不良消费的恶习，为此他们后悔不已。

二、理财教育专家分析

财商指的是一个人赚钱与理财的能力和潜力，它涵盖四个方面：理财观念、理财能力、创富的欲望和事业的潜能。父母让孩子明白财商涉及的内容，并对孩子进行系统的教育引导，使孩子知道金钱在人生中的重要地位，激起孩子创造财富的欲望，并学会运用金钱规律使自己拥有更多的财富，从而使孩子获得高质量的生活。

很多父母都知道给孩子零花钱有利于培养孩子理财的能力，能够提高孩子的财商，却不知道应该如何操作，往往会走进误区。如案例中李凤的父母，给孩子足够的零花钱，但对孩子如何去花却置之不理，结果孩子养成了高消费、乱花钱的毛病，从而违背了父母的初衷。

还有一些父母，一再给孩子强调金钱的重要性，想以此激发起孩子对金钱的向往，但这样做有可能导致孩子形成拜金主义，什么事都拿钱去衡量，对金钱占有欲过强的错误金钱观，这些都不利于孩子形成正确的金钱观。

因此，父母要让孩子明白什么是财商，还要告诉孩子正确理财的重要性，给孩子零花钱让其进行实践的同时做好引导教育工作，这样孩子才能正确认识金钱，知道金钱的价值，才能让金钱更好地为自己服务。

三、父母应该这样做

方法一：告诉孩子财商对人生的意义

财商高，真正了解金钱，就会比别人更容易赚取金钱。而金钱的用途很广，几乎哪里都需要，比如有钱可以接受更好地教育，可以去健身等，这些都可以使个人的生活质量得到提升。同时，有钱还能去帮助有困难的人，从而获得精神上的满足。

告诉孩子财商对人生的影响，孩子就会主动提高自己的财商。

方法二：培养孩子正确的理财观念

俗话说：“你不理财，财不理你。”培养孩子理财的观念，帮助孩子认识金钱的价值，合理用钱，知道让钱生钱，有利于孩子积累更多的财富。而人一旦有了财富，就能做很多事情，可以满足多种需要，可以享受更加优质的生活。

但金钱虽好，需要取之有道。父母一定要告诉孩子，只有通过正当的手段赚取的金钱用着才会坦然。避免孩子为赚取金钱而不择手段。

方法三：提高孩子理财的能力

提高孩子的理财能力，是一个系统的工程，父母需要尽早开始，并且做到全面关注。早到可以从孩子刚认数就开始进行教育，告诉孩子多与少的道理，锻炼孩子运算的能力，增加孩子对数字的敏感性；对孩子理财目标的制订与实现的策略进行引导。同时还要让孩子亲自实践，在实践中提高孩子的理财能力。

四、财智教育金言

父母除了让孩子明白什么是财商，知道财商的重要性之外，还要从四个方面提高孩子的财商，并让孩子在实践中汲取经验，帮助孩子顺利地获取更多的财富。

第六节　你的孩子有“财商”吗？

全美最新儿童理财教育指南《富孩子》一书中写到，我们不知道多少钱可以毁掉一个孩子，但是我们应该知道如何教会孩子给予，从而使他们日后不至于迷失于一个日益被金钱所吞噬的世界。

国外家庭一直秉持“再富也不能富孩子”的观点，日本父母主张孩子自力更生，不能随便向别人借钱。日本人教育孩子有一句名言：“除了阳光和空气是大自然赐予的，其他一切都要通过劳动获得。”同样，美国父母把理财教育称为“从 3 岁开始实现的幸福人生计划”，美国家庭让孩子干家务换取零用钱，使孩子认识到：即使出生在富有的家庭里，也应该有工作的欲望和社会责任感。

金钱是把“双刃剑”，富裕的生活本身不会对孩子有害。但是如果缺乏健康完善的价值观的指导，那么它就会对孩子产生负面影响。随着孩子们的零花钱、压岁钱越来越多，中国的父母也正摆脱“再穷也不能穷孩子”的传统，积极变身为给孩子上好理财一课的新好家长。

那么，怎样才能为孩子开个好头呢？

一、“财商”教育要潜移默化

西方教育专家认为，儿童应从 3 岁开始就有经济意识。

“3 岁开始辨认钱币，认识币值、纸币和硬币。4 岁学会用钱买简单的用品，如画笔、泡泡糖、小玩具、小食品等。最好有家长在场，以防商家哄骗小孩。5 岁弄明白钱是劳动得到的报酬，并正确进行钱货交换活动。6 岁能数较大数目的钱，开始学习攒钱，培养‘自己的钱’意识。7 岁能观看商品价格标签，并和自己的钱比较，确认自己有无购买能力。8 岁懂得在银行开户存钱，并想办法自己挣零花钱，如卖报、给领导买小物件获得报酬。9 岁可制订自己的用钱计划，能和商店讨价还价，学会买卖交易。10 岁懂得节约零钱，在必要时可购买较贵的商品，如溜冰鞋、滑板车等。11 岁学习评价商业广告，从中发现价廉物美的商品，并有打折、优惠的概念。12 岁懂得珍惜钱，知道钱来之不易，有节约观念。12 岁以后，则完全可以参与成人社会的商业活动和理财、交易等活动。”

这段经典的西方儿童理财规划已引起了许多中国父母的注意，将其作为孩子理财教育的范本。这段话告诉中国的父母，孩子的理财教育要尽早开始，并需要不间断地让孩子在生活细节上潜移默化。

三四岁时，孩子已萌发了花钱的意识。父母可以针对孩子的好奇心，从生活点滴上培养孩子对钱的认识。在孩子认识数字，开始数数的时候，给孩子讲一些花钱的常识，并结合数字的概念，与孩子玩购物游戏。比如说，让孩子找到指定的价格标签，寻找等值的商品等。这样就可以培养孩子的逻辑思维能力。

6～12 岁是孩子人格发育的重要阶段，这个时期，孩子的价值观正逐渐形成，理财观念的培养正当时。在这段时期中，家长要对孩子严格要求，细心地进行引导，体验式的教育让孩子来得印象深刻，家长可以为孩子办理一张借记卡，让孩子定期存钱，交给孩子利息的概念，并领他们到银行，将银行储蓄的方法、种类、利率、计算利息等知识逐渐地教授给孩子。还可以让他们算算利息，使孩子意识到定期存钱就能增加财富，创造一种成就感。当然，通过劳动奖励零用钱也是一种好方法，通过让孩子做家务赚取零用钱，体验劳动的艰辛，体会爸爸妈妈赚钱的不容易。

二、假戏真做培养小投资家

其实，许多教育孩子的游戏家长可以自己发明，将成人金融生活缩小到孩子身上。比如让孩子制作“预算计划”，开列如学习用品费用等未来一年计划生成的大小开销，相当于一个小型的财务规划。这样孩子就会明白花钱要制订计划的道理。对于孩子花钱正确的地方，花钱花得物有所值时，可别忘了鼓励。

仿真投资的做法对孩子的成长也很有帮助，美国的一位教授在家开设虚拟股市，以每股交易金额按照 1/100 的比例计算，股票的价格根据纽约股市每天的行情进行变动，孩子进“股票市场”投资，既可以通过买卖股票来获得回报，也可以通过“年终分红”来获得回报。

赚钱、花钱、存钱、与人分享钱财也都是一门学问，家长从小处着手，让孩子生活在自力更生、劳而有得、多劳多得的环境中，形成善于理财的品质和能力，成为财富的主人。更能让他们今后的财富人生，白手起家、聚沙成塔、点石成金。

第五章　财商教育的人文价值

财商教育除了具有传授理财知识、培养理财能力等重大功能之外，还具有引导人们确立在财富面前的主体地位和主体人格，培养人们同情、正义、公平、合作等与市场经济相适应的道德品质，促进人们为实现自己的全面发展而努力等重要而丰富的人文价值。

随着全面素质教育的推进，财商教育正逐步成为我国教育研究的一个重要课题。从已有的成果来看，人们关注的重点在于现代社会中个体的理财能力及其培养问题。然而，财商教育的内涵远非如此。财商应该是个体在从事与财富相关的活动中所体现出来的综合素质或品质的一种表征，这种综合素质或品质由“财知”“财情”“财意”“财能”所构成，其中“财能”为核心要素。笔者对此解释比较认同，认为财商教育是由学校、家庭和社会根据现代社会发展的要求和个体身心发展规律，对受教育者施加特定影响，培养受教育者在从事或将要从事与财富相关的活动时所必需的知识、情感、意志和行为能力的社会活动。财商教育除了其具有传授理财知识、培养理财能力等重大功能之外，还具有非常丰富而重要的人文价值。

一、引导人确立在财富面前的主体地位

人与财富的关系是人类发展史中的一个经典问题。许多人

对此在理论上说得头头是道，但实际生活中却不能很好地加以处理。财商教育的人文价值，首先体现为财商教育能够引导人们正确认识和处理自己与财富的关系，帮助人们确立自己在财富面前的主体地位。

马克思认为，财富的本质就在于财富的主体存在。他指出："事实上，如果抛掉狭隘的资产阶级形式，那么，财富不就是在普遍交换中产生的个人的需要、才能、享用、生产力等的普遍性吗？财富不就是人对自然力——既是通常所谓的'自然'力，又是人本身的自然力的统治的充分发展吗？财富不就是人的创造天赋的绝对发挥吗？"这一论断表明了马克思对于财富和人的关系的基本观点，即财富的本质不是物，而是人劳动的产物，它反映的是人的自然力（即劳动力）的发展状况，是人的创造天赋的发挥。财富本身不是目的，而是手段，是人为了自身的生存和发展的需要而生产出来的，离开了人的发展需要，则无财富生产的必要。在财富面前，人永远是财富的主体和主人。由此可见，马克思主义的财富本质观不是建立在物质基础上的物本财富观，而是强调人、重视人的劳动和人的创造能力的人本财富观。

为什么有些人未能正确地处理人与财富的关系呢？马克思从人类社会历史进程的角度给出了解释。在人类社会发展的第一阶段——对"人的依赖"阶段，物质财富的生产与享受构成人的全面发展的第一个前提，财富主要表现为其使用价值。之后，人类社会的发展摆脱对"人的依赖"阶段而进入对"物的依赖"阶段。从理论上讲，由对"人的依赖"上升为对"物的依赖"，可以更加凸显人在财富面前的主体地位以及人与人之间在人格上的平等地位。然而在这一阶段，财富的表现形式由原来的使用价值转变为交换价值，货币成为财富的“一般形式”（马克思语）转化为资本，取得了购买他人劳动力和生产资料的权利。交换的基本原则是等价，资本则能够带来更多的剩余价值。为了能够获得更多交换的资本和剩余价值，人们产生了对金钱的贪欲和膜拜，导致了唯利是图、金钱至上的拜金主义。于是，财富被异化，人的劳动被异化，人与财富的关系也被异化。原本为人所用的财富，反而成为人追求的目的，这种情况在当下的中国也是存在的。

马克思的财富本质观及其对人类发展进程中人和财富的异化状况的分析，凸显了财商教育重要的人文价值，即是通过财商教育，向受教育者讲清人与财富的科学关系，使他们明白人才是最根本的，财富是因人而产生，为人而发展的。引导他们确立自己在财富面前的主体地位，培养他们在与财富交往活动中的主体意识和主体人格。就我国目前的情况而言，财商教育面临的一个重要课题，就是帮助人们找回在财富面前缺失的主体地位和主体人格，重新成为财富的主人。此外，财商教育还要使人们明白，财富不仅是指金钱，还具有丰富的内涵。凡是具有使用价值、交换价值和资本价值的物品都叫作财富。除了物质之外，财富还包括精神财富。不仅有个体财富，还有社会财富等。在此基础上，财商教育帮助人们学会善用财富，并能够在从事与财富相关的活动中创造更多的精神财富和社会财富，树立应有的社会责任感。

二、培养人具有与市场经济相适应的道德品质

论及市场经济，人们总是想到亚当·斯密提出的以利己本性和“利润最大化”为特征的“经济人”，似乎市场经济社会中

的人就是自私自利的，人与人之间就是纯粹的交易关系，充满着竞争和尔虞我诈。然而，这并非是市场经济的本真。在亚当·斯密那里，市场经济也并非纯粹是利己的，而是合理的利己主义和高尚的利他主义的相结合。因为人类的自利行为不仅需要规则加以调节，而且还需要同情心，这样才是一个真正的社会。人们的经济行为也需要加以规范，而规范的基础就是人的正义感。在《国富论》一书中，亚当·斯密提出了自主主义精神、分工协作原则、商品交换等价原理、公平合理的分配原则、消费领域中倡导勤俭节约等经济道德观。由此可见，亚当·斯密理想的市场经济是充满诚信、良知与责任的，它以正义作为经济发展的规则，以人与人之间的同情、关心和合作等道德因素作为经济可持续运行的助推剂。

马克思对财富问题的研究，更是深入财富背后所体现出的人与人之间的社会关系。他认为，财富的生产是在人类社会中进行的，孤立的个体是没有办法生产财富的。因此，马克思在研究人类社会发展时，以人类的共同劳动为观察点，其中又特别重视社会分工与协作。在对劳动、社会分工、协作深入考察的基础上，马克思提出了“各尽所能”的财富生产原则。这一原则强调个体劳动能力的有机结合和充分发挥。在马克思的人本财富观中的人“不是相互隔绝的人，而是代内和代际平等的‘类’存在意义上的人”。市场经济中存在的过分强调竞争而忽视合作、忽视人与人之间良好社会关系的现象，与马克思的财富观是背道而驰的。实际上，马克思早就批判过资本主义社会中因为对金钱财富的无限追求而导致人与人之间社会关系异化的现象。所以，完善的市场经济应该充满人与人之间的和谐合作，而不是充斥着谎言和欺诈。竞争应该建立在合作共赢前提下，而不是你死我活的利益追逐。

财富生产出来之后，如果不为人所享用，就难以体现其价值。因此，人们生产财富之后，还必须分配财富，而这就涉及每一社会成员个体的利益。这一问题也必须在社会中并通过社会来解决。在马克思看来，最好的财富分配原则就是“按需分配”，然而，在社会还不能满足每一社会成员个体发展所需的情况下，就应该遵循“按劳分配”的原则，使“每一个生产者，在作了各项扣除以后，从社会领回的，正好是他给予社会的”。这一原则，体现着“各得其所，得其所得”的公平意蕴，解决了个体之间的利益冲突，维护了社会中人与人的互利以及绝大多数人的共同利益。这也反映了马克思主义的道德本质观——道德是对社会物质关系的反映，在其本质上是经济关系或利益关系的产物。这说明，我们不能脱离物质利益空谈道德，但也不能将道德建立在个人利益的基础之上，互利才是合乎人性的道德规范，是道德本质的重要体现。财富创造过程中的“各尽所能”和财富分配过程中的“按劳分配”，都是互利、公平的体现。

上述简略分析表明，财商教育所具有的另一重要人文价值，就在于引导人们正确认识和处理财富活动中人与人之间的关系，如人与人之间竞争与合作的关系、市场经济与道德的关系、追求物质财富与建构和谐社会关系等，帮助人们正确理解社会道德的本真及其在市场经济中应有的内容，从而培养人们具有与市场经济相适应的良好道德品质，如同情、正义、公平、合作等。

三、帮助人实现自身的全面发展

在马克思看来，财富在人的发展中具有十分重要的积极作用。人们不仅通过财富生产为自己的生存和发展创造了条件，而且在生产财富的过程中充分地发挥、运用了自己的主观能动性，使自己的身体和精神都得到了发展。大量财富的累积，减少了人们的必要劳动时间，获得了更多自由支配的时间，又进一步为人们的全面发展提供了必要的保证。“财富作为人的主体性本质的真正实现，不仅表现在人们能够自由地运用一切既得力量和条件创造财富，而且表现为人的自由全面发展本身就是财富。”财商教育正是帮助人们清楚地认识到，自由而全面的发展才是人最根本的财富，任何外在的物质财富都是为人自身的自由和发展服务的。今天，我们可能一时达不到人的全面发展的境界，但我们生产财富的过程，都是在展现人的全面发展的可能性，因此在为自身获得更大程度的全面发展创造条件。

就目前我国情况而言，财商教育的这一人文价值重点体现在以下两个方面：

第一，帮助人们正确处理追求外在物质财富与丰富内心精神财富的矛盾。丰富的精神世界是人全面发展的重要组成部分，也是人应该追求的根本性财富。然而，一些人在市场经济冲击下，越来越注重物质财富的追求，却忽视了内在精神的充实和提升。他们虽然拥有大量的物质财富，但精神世界却苍白空虚。财商教育则是引导人们更好地协调创造物质财富与追求精神财富的关系，在享受高质量的物质文明的同时，也享用精神财富给我们带来的幸福生活。第二，使人正确地认识时间，特别是自由时间即闲暇时间的价值，并充分利用好这一不可再生的资源。今天，不少人的时间观念还比较差，不知道珍惜时间，也不会很好地利用闲暇时间做最有价值的事情，这在一定程度上阻碍着自身的全面发展。财商教育则启发人们在可以自由支配的时间中，通过自由的学习和劳动创造不断地提升自我，促使自身朝着更为全面的方向发展。帮助人们树立正确的时间观念，具备善用时间的能力。

根据马克思关于财富在人的全面发展中积极作用的见解，我们可以更加深入和全面地理解财商教育的内涵和价值。目前，我国关于“财商”最为流行的观点源于“财商”概念的提出者美国人罗伯特·T.清崎，他认为财商是人们认识财富和驾驭财富的能力，是一种理财智慧。笔者认为，这种观点是片面的。理财智慧本是一个由多种成分构成的复杂的心理活动系统，这一系统的心理成分包括：财知——关于财富的认识和理解，以及对人与财富关系的认识和观念；财情——个体在从事与财富相关的活动中形成的心理体验；财意——个体在从事与财富相关的活动中，根据预定目的支配和调节自身行为，并克服困难，从而实现预定目的的心理品质；财能——个体从事与财富相关活动的能力及其外在行为，也可以称为“财行”。因此，财商是对个体在从事与财富相关的活动中所体现出来的综合素质或品质的一种表征。完整意义上的财商教育，不仅是个体理财能力的培养，更重要的人文价值在于它有助于全面提升受教育者与财富相关的知、情、意等方面的素质。

即使在理财能力的培养过程中，财商教育也有助于实现其养成个体良好品格的价值。例如，个体的理财能力需要以数学为基础，数学最大的特征就是追求真实、讲究证据。数学的语言简洁准确，研究过程严谨周密，讲究依据公理进行逻辑推理，不屈从于任何权威等。数学的这些品质，昭示着做人所应有的诚实、正直、严谨、准确等品格。这些品格，正是通过财商教育得以培养的。

总之，财商教育具有重要的人文价值。我们在财商教育过程中需要深入挖掘其丰富的人文内涵，把培养人在财富面前的主体地位和主体人格作为首要任务，使个体形成正确的财富观念和良好的财富行为，拥有真正的理财智慧。

第一节 少儿财商教育刻不容缓

发达国家十分重视孩子的理财教育，一些国家甚至将孩子的财商教育提升到法定教育的层面。反观我国的少儿财商教育，无论是在教育体系，还是社会、父母的认知上，都存在巨大的发展空间。

一、理财教育的含义

基于时代的发展状况及学生自身的特点，应有针对性地制订不同阶段的教育目标及内容，由学校主导，家庭、社会密切配合，开展理财教育培养学生正确的消费观和价值观，促使学生掌握基础理财知识、形成初步的理财能力和良好的理财习惯，最终促进学生个人能力的全面发展。

二、我国理财教育状况

在儒家“君子喻于义，小人喻于利”的影响下，家长及教育领域都认为讨论金钱利益是可耻的，因此，在德育教学中屏蔽了理财教育。

我国是礼仪之邦，崇尚节俭，教师多认为学生不应该管理过多的钱财，学校面对升学压力制订的方针也主要以升学率为基础方向，因此，大多重视学生智商培养，忽略了情商。虽然有部分学校会开展理财教育活动，举办“我的小银行”等储蓄活动，但是这种简单的存储行为无法培养学生的理财能力。

学校不重视理财教育，缺乏相关教育理念，使得理财教育最终停留在口头上，成为空谈。虽然家庭理财教育可以帮助学生培养优秀的理财能力，为其树立正确的理财观念。但是多数家长都认为理财是成年人做的事，孩子又没有收入，根本无须理财。不仅如此，有些家长喜欢包办孩子事情，使孩子失去了理财锻炼机会。有的家长则是盲目消费，给孩子的理财教育造成了消极影响。

受到理财教育缺失的影响，多数未成年人都存在自理能力差的状况，再加上社会不良风气的滋养，使问题越演越烈。调查发现，我国大城市中有 99.1%的学生都有零花钱，学生将这些钱主要花在了吃、喝、玩、乐穿等方面，仅有小部分学生用在学习上，选择部分储蓄的学生少之又少。

三、优化我国理财教育的基本路径

可以从以下几个方面入手：

（一）完善理财教育校本课程的研发

在社会强烈要求将理财教育纳入教育教学的进程呼声中，我国已经开始在数学、政治等课程中添加了理财内容，比如新课改的小学四年级《品德与教育》中就添加了零花钱教育内容；

上海在小学思想品德课和社会课的教材中设置了《不乱花钱》《商店购物》《储蓄和保险》等内容；广州大学也与信孚教育集团联手进行理财教育的有益尝试，邀请著名经济学家参与主编了一套从小学到高中的专门理财课程教材；浙江兰溪市实验小学根据小学生理财教育的培养目标和内容，自主开发了理财教育读本《让理财伴你成长》等。

不过，我国理财教育目前与国外存在一定差距。首先，因为研究缺乏系统性与严谨性，教育内容过于宽泛且与学生年龄段不对应；其次，缺乏教育内容，忽略了能力培养；再次，相关资源与活动未得到合理结合，体系的科学性较差。当前国内正推进理财教育从单一走向国家、地方、学校的三级新模式。这种方式灵活性高，校本内容多是学校教师根据国家教育目标在分析本校教学环境的基础上，针对特定班级制订并实施。所以，各地区教育部门可联手本区重点名校，通过专家指导的方式，进行校本课程的开发；最后，借助专家力量，编写理财教育教材。一般教材要符合当地民风、民俗，内容要图文并茂、生动形象，然后通过实践的方式不断地进行改进，最终实现全面推广的目的。

（二）引导理财教育与实际生活相融合

实践是检验真理的唯一标准。首先，条件允许的学校可以通过开展“理财虚拟银行”活动，引导、支持学生将零用钱存入银行，缺钱学习的学生可以向银行进行贷款学习，从而培养学生节约意识。

其次，可以建立校园环保公司，鼓励学生收集废品买卖，为学生培养赚钱与环保意识。然后，可以组建虚拟证券公司，船板“模拟股市”专题教育，为学生普及股票、开户、印花税等知识，并通过虚拟交易的方式，引导学生理财。

最后，学校可以借助旅游活动进行理财教育，通过引导学生自主外出打工的方式，让学生利用课余时间赚钱，实现自给自足。

（三）提高家庭理财教育的重视程度

首先，引导孩子参与到家庭理财活动中，使其树立正确的金钱观，让孩子学会控制家庭“财产”，同时也可以让孩子在每周末当家一天，让其明白掌钱的不容易。

其次，家长应鼓励孩子勤工俭学，支持孩子参加公益活动。

最后，可以引导、帮助孩子购买企业债券，让其参与到社会投资当中，从而培养孩子的投资理财意识、培养其投资理财技巧。

（四）完善理财师资的队伍建设

完善教师的理财教育培训，才能够提高理财教育质量，改善学生的综合素质。所以，应开设中小学乃至高校阶段的理财教育课程，为教师提供财力教育培训机会。

首先，优化培训体系，帮助学生普及理财教育及财务管理的知识，从而改善教师的理财专业素养及能力。

其次，学校应优化教师团队建设，开发团队合作机制，改善理财教育教学内容，引入最新教学资源，为教师提供经验交换平台，提高教师的理财教育能力。

最后，完善理财教育管理制度，制订激励政策，调动教师的积极性。

综上所述，完善理财教育，不仅能激发学生的财商潜能，还能挖掘人生创富良机，为学生树立正确的金钱观与价值观，促使学生能够得到良好的发展。

第二节　儿童财商和国际文凭的关系

儿童财商在美国、法国、英国、德国、日本、中国等非常流行，各国政府均推出政策支持。另外，国际文凭是全球认可课程，全球大学都重点吸纳这批优秀学生。

一、引言

当今香港学校，除了国际学校采用 IB 课程，传统名校如拔萃男书院、圣士提反书院，近年崛起的新校如保良局蔡继有学校、启思小学等均未采用 IB 课程。究竟 IB 课程同“填鸭式”的教育有什么主要不同之处，升学情况如何，都是家长关心的问题所在。本文中笔者通过调查研究做出以下阐述。

二、香港教育制度

（一）国际文凭（IB）流行

最初我对 IB 课程非常抗拒，以为都是富裕人士的游戏。国际文凭（IB）课程主要在国际学校采用，传统学校很少开办。近年来，一些非国际学校也开办了 IB 课程，一些学生考取了优异的成绩，甚至出了状元。我非常好奇，决定要研究出原因来。IB 课程希望学生主动发现问题，不重视做大量功课，而是重视做课题，重视语文能力包括听、写、读、说能力的提升。IB 课程希望培养学生的软实力，包括沟通能力、团队精神、情绪管理、时间管理、国际视野等。这些能力都是我们这一代大学生最欠缺的。

（二）人口普查结果

根据2011年人口普查的结果，在2011年，香港15～24岁的青年占全港人口的12.6%，约86万人，较10年前约减少1.7万人。从未婚比例分析，未婚比例由2001年的96.2%升至2011年的97.9%。另外，曾受专上教育的青年人口大增，由2001年逾17.3万人增至2011的33.8万人，比例由占青年人口的19.5%升至39.3%。同期，青年的劳动人口参与率由46.3%减至40.4%。或因未投入劳动市场的经济问题，94.6%青年与父母同住，而10年前的比例为91.5%。

（三）人口教育程度分布

根据2013年1月统计，本港副学位学生数目在过去10年间大增5倍至每年逾3万人，整体学历提升，却出现学历与职位错配及入息下流的状况。据统计处就业数据显示，毕业生10年间的薪酬变化，可反映不同学历在社会上的供求转变。由预科程度开始，入息中位数不断下跌，2011年预科程度入息中位数较2001年跌10%至10000元，与高中看齐；文凭及证书更下跌25%至13500元，但有关薪酬却比副学位高，副学位程度入息中位数为12350元，较10年前的18000元大跌三成一。

三、香港家长现况

（一）家长素质

近年来，我从报纸书刊看到关于“80后”和“90后”的新闻，完全匪夷所思。例如，父母陪同大学毕业生面试工作，父母追问人力部门儿女面试结果，父母邀约上司谈儿女工作前途，大学生被辞退自杀等。我们的教育制度究竟出了什么问题？我有机会接触现在的大学生（包括香港和内地），他们都是香港和内地尖子才入读香港的不同大学。我作为良师计划导师，帮助香港科技大学商学生已有多年，主要教导他们为事业准备和落实计划。他们给我的感觉是主动、用心聆听和愿意接受意见的。

（二）教育程度

为什么一般大学生达不到以上水平，我觉得我们父母需要负很大责任。我们 20 世纪 70 年代出生的这一代同没有接受大学教育的上一代，希望下一代比我们生活得更舒服。最近，我的大学同学问我关于如何选择小学，他说自己已经做了完备的资料搜查，而我跟他深入讨论时发现，他连官立、津贴、私立、直资的分别都不知道。我告诉他："请你自己做好基本资料的搜查后再跟我谈论。"他是我认识了接近二十年的朋友，我不是自私，而是指导他履行作为父母的基本责任。我们行内俗称"尽职审查"（due diligence）。对于生意伙伴，尤其是新认识的，调查问卷由二十多至八十题不等。我希望他做好资料搜查之后再跟我讨论。

（三）IB 误解

IB 升学情况如何？本地大学有 15%留位给 IB 学生，海外选择比较多。大部分家长同我说，海外升学费用很贵，现在很多亚洲大学都进入全球二百大学排名。内地、台湾地区、新加坡等地的学校都相对便宜。我希望各位父母尽力而为，如果儿女读不了本地大学，同时也没有能力海外升学，儿女要自己解决问题，可以一边工作一边读遥距大学课程。心态和毅力比金钱更重要。

四、儿童理财心理咨询师重要性

儿童理财心理咨询师入门课程教导财商（FQ），小学阶段训练多元智能、解决疑难、自我管理、领导力、执行力、决策力、创造力和沟通能力；中学阶段训练销售艺术、项目管理、团队协作、组织心理、商业模型、人才管理、企业家精神、风险管理。这些课程最重要的是父母做榜样、身体力行、循循善诱及亲子活动等。这些课程也结合了儿童心理学、理财学、销售管理、管理学等知识。我希望各位家长能对症下药，不要乱石投林。

五、总结

儿童财商（FQ） 和国际文凭（IB）可以在美国、法国、英国、德国、日本、中国等流行的原因在于，未来是很重视软实力的知识型社会。各国政府均推出教育政策改革，全球大学都重点吸纳这批 IB 成绩优秀的学生，可想而知，未来社会是竞争性和全球化的社会。21 世纪的企业要求人才必须拥有以下能力：解决疑难、自我管理、领导力、执行力、决策力、创造力、沟通能力、销售艺术、项目管理、团队协作、人才管理、企业家精神、风险管理等。

第三节　树立正确的财商教育观

在市场经济的社会中，过去的传统观念似乎并不能帮助我们适应经济全球化对生活带来的冲击，中国的孩子如何在全球经济一体化的社会博得自己的一席之地呢？财商教育，就是在这样的背景下开始席卷中国，有些家长也意识到财商教育的必要性，并在自己的孩子身上进行实践，由于财商教育在中国发展时间不长，对财商教育的理解和认识也存在一定误区，所以如何树立正确的财商教育观尤为重要，只有在正确的观念下才能培养我们中国的孩子更茁壮健康的成长。

“财商”这一概念是由美国人罗伯特·T.清琦撰写的《富爸爸，穷爸爸》系列图书中提出，并引发了全球对于理财智慧的头脑风暴，很多人因此开始了重塑理财观念之路。清琦和莱希特认为，财商就是一个人认识金钱和驾驭金钱的能力，是理财的智慧。它包括两个方面的能力；一是正确认识金钱及金钱规律的能力；二是正确应用金钱及金钱规律的能力。

财商教育在中国的发展还处于萌芽状态，在中国的学校和家庭教育中，智商教育一直处于主导地位，情商教育则是随着市场经济和商品社会的发展越来越受到人们的重视，人们也开始意识到有时情商比智商对一个人的发展起到更大的作用，而财商教育在《富爸爸，穷爸爸》系列图书引进中国之前，几乎是空白状态。所以更无从谈起对财商教育的重视。这可能是由于中国传统文化和封建观念的影响，中国人素来羞于谈钱，尤其是在人情世故中，大家都认为谈钱伤感情，很多人甚至视金钱如粪土，却在过着为钱挣扎的日子，这不得不说我们没有摆在对待金钱的观念。现在中国加入世界贸易组织，给我国人带来的不仅是机遇，也是不同文化观念的相互作用，让我们慢慢了解一个全新的世界，了解我们中国的一些守旧思想对人的残害作用，一些禁锢个人发展的旧思想得到了新思想的冲击。曾经的中国是不管信息还是经济都是相对封闭的，一直以来我们都过着自给自足的生活，但由于现在网络交通的发展，世界变得越来越小，联系越来越紧密。我们的竞争对手不再是自己的同胞们，而是来自世界不同的人，在这个经济全球化的现代社会，国家与国家的竞争其实就是人才与人才的竞争，而孩子是一个国家的未来，我们教育的孩子的财商水平直接决定我国经济人才在国际舞台上的是否有竞争力，而普遍提高中国人的财商水平是提高我国国民在经济全球化社会生存能力的必要途径。在经济全球化的过程，我国的经济不断受着国外经济的冲击，物价上涨，房价年年暴涨，一个人的财商能力直接影响到他的生存能力或者生活质量。

目前，我国面临着亟待解决的中国青少年以及毕业大学生理财意识薄弱，理财能力匮乏，财务危机频发的现状。曾看过一个外国人写了篇 10 种最有意思的中国人，里边有一种是说中国孩子的："最有钱的中国人是孩子：说起来没人相信，中国人中最有钱的是孩子。在他们父辈眼里，轻易地花掉十元钱就有犯罪的感觉。可如果把一张十元大票放在一个孩子面前，他的眼神是不屑一顾的。"中国的孩子花钱随意，大手大脚，并日有很多孩子盲目攀比、讲排场之风盛行。大学生理财教育的缺失导致走上工作岗位的年轻人由于理财技能不足，很多人理直气壮地成为"月光族""啃老族""购物狂""卡奴"，没钱就伸手向家里要，好像家里的钱是源源不断的、取之不竭的。很多大学毕业生缺乏挣钱的能力，不能摆脱对家里的经济依赖。

有些家长也意识到在市场经济和商品经济社会中，财商教育对孩子未来发展的重要性，于是开始尝试财商教育，由于对财商教育理解的不全面，很多家长以为财商教育就是对孩子进行金钱、发财重要性的灌输，很多家长还错误地把金钱奖励和孩子的学习成绩挂钩，与孩子在家里的家务劳动挂钩，殊不知这样很容易导致孩子做什么事都是以获取金钱为目的，从而失去对学习本身的兴趣，失去为家人劳动带来的快乐以及乐于助人的快乐等。所以如何树立正确财商教育观显得尤为重要。在此我们可以先来了解一下国外发达国家在这方面取得的成果。

美国人有一个共识：在诸多成功中，挣钱最能培养人的成就感和自信心，所以必须从小教孩子理财，培养他们的财商。但他们也懂得如何享受生活，分享快乐。金钱是他们追求更美好生活的工具，而不是生活的目的。

美国、英国、日本等发达国家在孩子很小的时候就开始有意识地培养孩子形成对金钱的正确认识和使用金钱的能力。美国人认为在市场经济和商品社会中，一个人的理财能力直接关系到他的事业成功和家庭幸福，所以他们让孩子早早就学会自立；英国人则更提倡理性消费，鼓励精打细算，认为“能省的钱不省很愚蠢”；日本人讲究家庭教育，他们提倡让孩子自力更生，勤俭持家。相对发达国家的孩子，中国培养了很多高智商、高学历却难以自力更生的“人才”，当然导致这一现象的原因很多，但这些待业的高学历人才不能很好地在现今社会找到自己的一席之地与他们所受到的教育是分不开的，而这种不均衡的教育不仅有学校的责任，还有家庭和自身的责任。而受过良好财商教育的人就不会遇到无法适应市场经济和商品社会的尴尬局面。

财商教育能培养孩子课本上学不到的知识和技能。然而在中国，财商素质教育却长期不被重视，并为此付出了高昂的代价。一是使我们的孩子进入消费误区，高消费，盲目消费，甚至野蛮消费，享乐主义，滥用父母的钱，躺在父母的钱包上生存，直接造成他们的财商低下。二是使我们的孩子缺乏生存能力、创业能力。中国的学生只会花钱不会挣钱，只会做题考试不会创业，大学毕业即失业的现象严重，所以财商教育应该被提上教育事业的议程上，来缓解并解决我国目前面临的这一系列问题。由于财商教育在我国教育事业中还处在初期探索阶段，至于怎样普及财商教育，让我国的人才在国际的金融舞台上不输给其他国家，我们还需要借鉴和学习国外这方面做得比较好的地方。

对于我国即将毕业的大学生，对财商教育的需求更加紧迫，在理财知识匮乏的现状，我们可能寄希望于家庭教育和学校教育来恶补自己的财商系数并不现实，把希望寄托在自己的自我学习是目前大学生学习理财知识的最佳途径。

正确的财商教育观应该是让孩子从小认清金钱的本质，根据孩子每个年龄阶段的特点和心智发展水平，循序渐进地进行恰当的财商教育，这样有助于培养他们对金钱、对工作、对事业的正确态度，有助于他们理解金钱与人生的关系，也有助于他们为未来的生活做好必要的准备。

第四节　幼儿财商教育课程的初步研究

对幼儿实施“财商教育课程”，充分挖掘幼儿财商课程的教育价值，帮助幼儿培养正确的财富观念和良好的理财习惯，让孩子终身受益。

中国家长已习惯这样一种认识：给孩子零花钱是天经地义的，是无偿无条件的，这导致现今许多家庭在消费上常常让独生子女牵着鼻子走。许多孩子不知道钱的来源，不知道自己花的钱是父母辛苦劳动得来的，孩子缺少感恩、独立、节俭等美德的培养，如何引导幼儿科学、合理地花钱已成为摆在我们面前的一个亟待解决的问题。

《富爸爸，穷爸爸》的作者罗伯特·T.清崎说："如果你不教孩子金钱的知识，将会有其他人取代你。"当今美、日等发达国家对财商教育非常重视，并作为一项重要的教育内容付诸实施。而我国财商教育至今未引起人们的重视，尤其是学龄前儿童的财商教育更是空白。

针对以上情况并结合实际现状，我园开展实施了"财商教育课程"。通过抓住教育契机，充分挖掘幼儿财商课程的教育价值，帮助幼儿培养正确的财富观念和良好的理财习惯，让孩子终身受益。我们的财商教育并不是要求孩子们必须掌握高深的财商概念，而是以此为载体，引领孩子们从全新的角度观察生活、思考问题，提升对财商现象与问题的敏感性。

一、前期准备工作——把握方向

通过调查问卷和访谈记录等形式进行前期调查，了解幼儿的消费观和理财知识等现状，为课题研究提供了丰富的现实依据，确定我们财商课程教学实施策略进行的方向。

二、制订计划阶段——确定策略

为了提高课题开展的实效性和准确性，我们遵循各年龄段幼儿的身心特点进行开展。小班的幼儿只在日常活动和区域活动中感染一些财商的教育，发掘财商教育价值和案例，将全园的中班、大班幼儿作为我们课题的研究对象，合理安排一日活动，适当调整课表等教学常规，确保研究工作顺利进行。

三、具体实施阶段——探索实践

课题研究需要先进理念、科研理论、教育教学论著作支撑。我们采用上网收集资料、阅读理论书籍、寻找理论依据来解决课题研究中的难点与困惑。设立财商教育课程研究中心，其中涵盖能力基础课程和商业模拟课程两大板块。我园根据课题的需要定期召开课题组会议，教师对活动中发现的问题和遇到的困惑及时进行分析、讨论和反思，并调整下一步的实验方案。

在校园财商教育课程系列活动开展过程中，孩子们的兴趣更广泛了，思维更敏捷了，求知欲更强烈了，知识面更宽泛了，这些欣喜的变化也给予了我们强大的信心。孩子们对学习活动充满了兴趣，有效促进了幼儿自信心、责任感的建立与提升，获得了独立、自尊等健全的人格，让孩子们在欢乐游戏中开发了潜能。如通过理财的学习，让幼儿建立了正确的金钱观念，形成理财观念意识，了解和熟悉了钱币，渐渐地知道钱从何而来，从而明白了劳动能力创造财富的道理，形成自我激发的内在动力。再如，通过国际视野学，孩子们接触到了一些平时很少有机会了解的国际知识和信息，诸如“金融风暴”“农业”“工业”“商业”“服务业”之类的词语会进入幼儿的耳朵。通过对这些社会经济现象的了解和关注，循序渐进地让幼儿感受到地球的广阔、世界的伟大和无穷的奥秘，拓展了幼儿的国际视野，力求做到与学校的教学宗旨“以国际视野培养完整儿童”接轨，真正意义上挖掘财商教学对幼儿成长的重要价值。

通过财商课程多姿多彩的活动，孩子们的各项能力都得到了不同程度的提高。如通过沟通学的学习，语言表达能力和孩子的自主意识增强，自信心得到了提升。他们喜欢表达，善于沟通交流，积极主动地参与活动，学会了客观地评价自己和他人。又如通过人格与戏剧学，促进了幼儿健全人格的发展，培养了幼儿坚强、自信、感恩、责任感等优秀人格品质，激发了幼儿的表演欲望，同时增强了幼儿的社会交往能力。他们现在更喜欢关注生活，会自己发现问题，克服困难，主动解决问题，合作意识有了大幅提高。

在课题研究的过程中，教师们的观念也得到了相应的转变，自觉地走出了“循规蹈矩”的传统教学模式，能根据本班具体情况灵活机动地开展财商教学活动，主动思考如何通过活动调动幼儿的主动性和积极性。通过课题实践活动，提高了教师对《财商课程》的组织驾驭能力，同时对课题的研究走向有了更深入的思考和明晰的理解，真正和课题研究的轨迹融为一体。

幼儿财商教育课程不是简单的短期教育行为，没有照搬照抄的范例，需要不断摸索和反复求证。本课题在近一年的研究中进行了较为系统的探讨，虽然取得了一定成绩，但仍然有很多方面需要进一步的深入研究，如何更好地挖掘财商教学对幼儿成长的重要价值，这仍是本课题的重中之重。随着课题研究的不断深入，我们将有针对性地进行财商教育活动策略的思考完善和研究，并且随幼儿发展的趋势不断调整，逐步建立比较规范、科学的教育策略。我们将进一步拓宽财商教育课程的开展领域，进一步培养幼儿的消费、储蓄、投资、捐赠等理财理念，并且在实践中将成功的财商教育课程活动方案加以梳理和积累，逐渐整合出具有我园特色的园本课程。我们坚信：只要坚持不懈地研究探索和发挥财商教育的“正能量”，努力帮助幼儿培养健康的财富观念、理财意识，幼儿的未来之路将会更加精彩！

第五节　财商教育，积攒孩子一生的财富

理财在我们概念里似乎是家长的行为，但碰巧最近看了些书，包括《快教孩子学理财》、布奇绘本《我有自己的小存折啦》等，我因此很受启发，于是萌生了教豆豆这个学龄前孩子学理财的想法。

一、认识金钱，明白数额

两三岁的孩子，或多或少都会接触到钱，小到花一元钱坐摇摇车，大到和爸爸妈妈一起去买衣服、玩具等。这个时候的孩子对于钱已经有了一定的概念：钱可以买到很多好东西。那个时候的豆豆真是见钱眼开，连过年时家长给的压岁钱都紧紧拽在手里，不愿意给妈妈收着。

家里正好有一本《中外货币大全》，我们就有意无意地教豆豆认识钱的图案，从硬币到纸币，从小额到大额，从人民币到外币。豆豆对任何花花绿绿的图案都挺感兴趣，不知不觉中就熟知了市面上流通的各种人民币，并且懂得区分大小。随着年龄的增长和认知能力的提高，大多5～6岁的孩子就能够正确认识金钱，知道其作用了。

二、理财，从储蓄罐开始

很多小朋友都有自己的储蓄罐，把平时爸爸妈妈给的硬币投入其中。在豆豆 4 岁的时候，我们给他买了一个储钱罐，从此他就开始对存钱感兴趣了。那时候他常常抱着自己的宝贝储蓄罐，高兴地摇着，想着多久可以达到 50 元，买他喜欢的小车。这些零钱的来源，大多是奖励的。一开始是表现好就给 1～2 元，后来怕孩子的目的性过强，就改成帮忙做事，通过自己的劳动可以得到相应的报酬，让他在生活中逐渐明白“勤劳致富”的道理。只有勤劳帮忙扫地、收衣服、倒垃圾、择菜等，才可以“赚到”钱，一年积攒下来，豆豆存了 200 多元呢！

三、学会花钱，懂得找零

孩子也知道钱是好东西，可以买很多喜欢的物品，这个时候父母就要帮助孩子树立正确的金钱观。家长可以带孩子去超市、菜市场购物，在大人监督下有意识地让孩子去付钱、找零，体验买卖行为。我们经常有意识地告诉他，今天买菜花了多少钱，他就知道什么是贵和便宜了。接着让他注意观察商品上的价格标签，对商品价格有感性的认识。熟悉之后让他运用加减法进行简单计算，拿出 100 元，买菜花了 70 元，要找多少零钱？这不仅是一道算术题，也是生活的思考题——如何花钱？让孩子在生活中学会如何花钱，即要有计划地支配自己的钱，明白什么该买，什么不该买。

四、让孩子有自己的存折

前面三点都只是理财的准备和前提，只有让孩子懂得如何管理、支配自己的钱时，才算是真正的理财开始。当豆豆的储蓄罐已经装不下、暂时又没有支出的需要时，我们提议豆豆把钱存到银行里，并且告诉他，存在银行里的钱会生出更多的钱。

到了周末，我们一家人来到银行给豆豆办理属于他自己的存折和储蓄卡。排队，填单，豆豆兴奋地办好了人生中的第一张存折和储蓄卡。我们来到银行门口的柜员机，让豆豆亲自操作。小家伙开心地输入密码，确认，然后点击“查询”——哇，豆豆有535.9元的“身家”呢。

其实教育孩子理财的过程就是让孩子知道节约、体验财富积少成多、学会延迟满足需求的过程，会积极影响到孩子未来的人生。“授之以鱼不如授之以渔”，父母留给孩子的财富再多也会挥霍一空，教给孩子理财的能力更为重要。未来的希望就从这张小小的存折开始起航。借用前美联储主席格林斯潘的话：如果不想因为错误的理财决定而遗憾终生，就必须从小接受理财教育！

第六节　财商教育的核心是延迟满足

财商与智商、情商一样，都是关乎孩子未来幸福的能力。财商不是简单地教孩子认识钞票、学会比价，而是让孩子具备价值识别能力，继而在此基础上，锻炼出延迟满足的能力最终学会驾驭财富，以达到幸福。

在孩子的教育中，中国父母对智商和情商教育都不陌生，但对财商教育的了解还比较有限，而且常常陷入两类误区：一是把财商教育当作认知教育，以为认识几张钞票，参观银行，认识价格标签就是财商教育。二是认为财商教育，就是教孩子如何赚钱，生怕孩子陷入“金钱至上”的泥沼，失去追求幸福的能力。那么，到底什么才是真正的财商教育？这要先从什么是财商说起。

一、财商是驾驭财富，达到幸福的能力

智商是指生物学意义下人和其他物种、人与人之间差异的标志。而情商是社会学意义下一个人管理情绪、处理人际关系的一种能力。智商高，不见得就会幸福，因为人不是离群索居的动物。我们幸福与否，往往决定于人与人之间的关系。所以，现在的父母越来越关注孩子的“情商”教育。

不过，人除了是生物学意义上的人、也是社会学意义上的人，同样，更是经济学意义上的人。现代社会中，经济不能独立的人往往人格也无法独立，更谈不上幸福的人生。例如，一些“啃老”的年轻父母，熟知先进的教育理念，却无法按照自己的意愿去教育自己的孩子，因为，他们经济上还在依赖父母，一旦教育理念发生冲突，他们往往会失去发言权。一个成年人，如果连按照自己的理念去教育下一代的权利都没有，谈何人格独立？

因此，所谓财商，其实是驾驭自己的财富，以达到幸福美满生活的能力。

二、财商教育的核心是延迟满足

说起财商，很多父母认为就是让孩子认识钞票、认识价签、学会比价，能算出总价和找零等。其实，仔细想想，这与认识

水果蔬菜、学习算术没有质的区别，都属于认知教育。财商教育是一种行为和能力的教育，它的核心是锻炼孩子的延迟满足能力，它会影响孩子未来的行为方式。

延迟满足是指一种甘愿为更有价值的长远结果而放弃即时满足的抉择取向，以及在等待期中，展示自我控制的能力。

20 世纪 60 年代，美国斯坦福大学心理学教授沃尔特·米歇尔（Walter Mischel）设计了一个著名的关于“延迟满足”的实验，研究人员找来数十名上幼儿园的孩子，让他们每个人单独待在一个小房间里，房间桌子上摆着好吃的糖果。研究人员告诉孩子，可以马上吃掉糖果，或者等研究人员回来时再吃，那样的话还可以再得到一颗糖果作为奖励。对这些孩子们来说，实验的过程颇为难熬。最后，大约 1/3 的孩子成功延迟了自己对糖果的欲望，他们等到研究人员回来兑现了奖励，差不多有 15 分钟的时间。米歇尔追踪了这些孩子 20 年，发现能够坚持到研究人员回来的孩子，长大后有较强的社会竞争力、较高的工作和学习效率，并且具有较强的自信心，能更好地应付生活中的挫折、压力和困难。在追求自己的目标时，更能抵制住即刻满足的诱惑，而实现长远的、更有价值的目标。在他们的职业和婚姻经历中，幸福指数明显高于其他孩子。

这个研究显示，延迟满足能力对孩子未来的幸福至关重要。追求当下的快感，是人的本能。问题是，你能否控制自己对当下快感的追求，追求长远更有价值的东西，这就是延迟满足能力的本质。

在财商教育中，延迟满足能力的培养，就是要培养克制当期消费，追求更有价值事情的能力。如果孩子每周少吃两个冰激凌，把钱节省下来，到年底买一个自己心仪的变形金刚，就是有财商的表现，是值得鼓励的。延迟满足能力是财商培养中的重要能力，财商培养本身也是培养延迟满足能力的重要方法，延迟满足的作用不只在于财商，也在于它是人生幸福中的一个重要能力。

三、价值识别能力是财商教育的基础

在培养延迟满足能力之前，必须先让孩子有价值识别能力，理解什么是更满足，什么东西更有价值。

对于一个 4 岁的孩子，能够识别两颗糖比一颗糖更有价值，已经很好了。如果到了 10 岁，还只是理解到这个层面，说明父母财商教育没有跟上孩子成长的节奏。我们看到的孩子的发展应该是这样的：

4 岁时，能为未来的两颗糖放弃今天的一颗糖。7～8 岁时，能够每周少吃一个冰激凌，把钱省下来到月底买喜欢的玩具。13～14 岁时，为了到年底买心仪的东西，能规划每月攒下多少零花钱。成年时，为了一场向往已久的旅行，能够有规划地存钱，3 年甚至更长的时间，直到这个计划实现。

这才是孩子的进步，孩子逐渐学会评估越来越复杂的价值问题。这种评估的能力，就是价值观，是可以通过财商教育传递给孩子的，让孩子明白，哪些东西是值得我们去延迟满足的，然后再作出行动。

四、父母是财商教育中的榜样

价值的比较能力必须是从父母移植到、复制到、影射到孩子心里，别人无可替代。就算把孩子送到学校，老师也只能从侧面教导，真正对孩子价值观产生重大影响的，还是父母。父母的价值比较能力、对金钱的态度，直接影响孩子的财商，也直接影响孩子未来的幸福能力。

有些父母喜欢攀比，别的孩子都上早教班，所以，我的孩子也要上，不管自己目前的经济能力是否能承受。孩子会接受这样的价值观，今后也会攀比。有个妈妈问，她女儿为了买一个名牌包、为了攒钱，每天中午不吃饭，这算延迟满足能力吗？当然不是，她情愿选择一个包包，一个与人攀比的身外之物，也不愿选择健康，她不能判断出一件东西对自己的价值，只能从与身边人的比较中，获得短暂快感，她追求的还是当下的快乐，而不是具有长远意义的身体健康。

有些父母喜欢用金钱和物质作为奖励，不是不可以，但要看怎么奖励。周末是父母陪孩子的时间，但是父母想来听财商教育的讲座，来之前，父母跟 5 岁的孩子说好了，如果讲座期间她能不吵不闹，那就奖励一盒巧克力，这是可以的，因为对这个年龄的孩子来说，能做到这些是额外的进步。但对一个刚上小学的孩子说，你考了 95 分以上就给你买个玩具，你这个月表现得乖、听话就奖励你 100 元钱，这不是正向的激励，学习是孩子自己的事情，所谓“乖、听话”也并非好事。我们要鼓励的是孩子的努力，而不是结果。还有些父母，觉得过早跟孩子谈“钱”，会导致孩子金钱至上，变得势利冷漠。其实，所谓的“金钱至上”，就是指你被金钱所驾驭，而无法摆脱。例如“皇权至上”，指的是你的身家性命被皇权所驾驭。

而财商教育，是培养大家驾驭财富、达到幸福的能力。因为我们的人生是必定要和金钱发生关系的。如果我们无法驾驭财富，就必然会被金钱所驾驭。因此，恰恰相反，财商教育是让你摆脱“金钱至上”的教育。

五、给孩子的五节财商课

（一）教孩子认钱、数钱

方法：从孩子能说话、会数数就开始，选几张干净的（从银行兑换的新币）纸币、面额不等的硬币（玩之前建议用酒精消消毒），既包括人民币，还可以准备一些美元、欧元等，教孩子认识币面，可以这样说："你看，1 角钱硬币的正面是兰花，背面是数字'1'。"并和他一起玩简单的数硬币游戏。

目的：既让孩子感性地认识了钱，还锻炼了孩子的数学能力，同时培养孩子的国际视野（通过接触外币），一石三鸟。

温馨提示：数钱、玩钱之后，要马上给孩子洗手。做游戏一定要大人陪伴在身边，以防孩子吞吃硬币。

（二）让孩子了解钱的功能

方法：从孩子 2 岁左右能说话就开始渗透。这样告诉孩子："你吃的、穿的、用的、玩的东西，都是用'钱'这种东西买来的，而不是父母自己制造的。"

目的：让孩子知道："哦，原来钱有这么多用处。"

温馨提示：父母们不用担心孩子会"掉进钱眼儿里"。等孩子稍大些，能理解你的话，再慢慢跟他交流健康理性的金钱观。

（三）给孩子"零花钱"，鼓励孩子自己买东西

方法：从孩子朦朦胧胧地知道钱能买东西开始，就可以给孩子零花钱，并鼓励孩子自己买东西，让孩子了解什么是交易、以钱换物的过程。

比如带孩子去超市时，可以给孩子几元钱，告诉他这些钱够他买其中的一样或两样，比如，发卡、小贴画或者冰激凌。

如果他花光了自己的钱还向你要，你可以告诉他：“你需要等待，等着下一次发零花钱。”如果孩子想买的东西非常不适合他，你也可以表示反对。比如这样告诉孩子：“没有正规厂家的小食品是没有品质保证的，吃了会生病，我们换一种吧。”

如果孩子想要一个更大的东西，比如新的精装书或者玩具，你可以帮他计算一下他需要攒几个星期钱才够买这样东西。让他了解钱的价值，同时也学会选择和等待。

目的：既让孩子有自己购物的喜悦感和成就感，也能间接培养孩子的独立性和判断力。

温馨提示：零花钱可以一周给一次。每周给的钱数，由父母根据孩子年龄、实际消费情况、父母收入状况等确定。另外，给多少钱，最好也要跟孩子有一定的沟通、互动，让孩子有知情权、参与感。

（四）培养孩子对钱的“所有权”意识，同时引导孩子建立健康的金钱观

方法：告诉孩子：“父母给你的零花钱，完全是你自己的。你完全可以自己决定和使用，父母绝不会侵占。”

目的：培养孩子的自我决定能力、自我约束力（花还是不花？怎么花？等）。

温馨提示：与此同时，一定要培养孩子自立自强的意识和精神，并用浅显的方式，引导孩子健康理性的金钱观。“取之有道，用之有道”就是最朴素的金钱观。告诉孩子：钱本身是不好也不坏的东西，要看什么样的人用什么方法来得到它。

（五）培养孩子的“资本”意识，鼓励孩子养成储蓄的习惯

方法：等孩子稍大些，比如 3 岁以后，在给孩子零花钱的同时，开始鼓励孩子存钱，也就是告诉孩子，最好不要把所有

的零花钱都“及时”花光，而是把其中的一部分存起来，比如存在爸爸或妈妈这里。当然，最重要的是，存起来的钱一定要给孩子“利息”，而且利息要高到对孩子有吸引力，这样孩子才愿意把一部分钱存起来。

目的：培养孩子的储蓄习惯和资本意识。让孩子知道并理解“钱生钱”的财富之道。

第七节　切勿忽视孩子的财商教育

在当今的经济社会里，智商、情商和财商教育，对于成长中的孩子来说都是十分必要和迫切的。但现实生活中，虽然许多父母很重视培养孩子的智商和情商，却忽视了孩子的财商教育。事实上，只有“三商”都高的孩子，才能赢得自己的精彩人生。在孩子的每一步成长过程中，都进行有规划的理财教育，更是新一代父母的必要选择。

一、幼儿园阶段：认识钱的来源和用途

让孩子知道钱的价值，知道钱能用来干什么，是幼儿理财教育中的重要一步。为了让孩子加深对“小钱”“大钱”的形象感官认识，家长们不妨让孩子拥有两个储蓄罐。如一个绿色的储蓄罐给孩子用来投放一角、五角的硬币，积累到一定数目的时候，把零钱取出来，跟父母换一元的硬币，然后放到红色的储蓄罐里，从而让他（她）学会辨别钱的大小、多少和用途。

二、小学阶段：挣取和用好零花钱

对于小学阶段，尤其是低年级的学生们来说，从零花钱入手开始，便是财商教育的一个不错的时机。不过，当他们在花钱上出现小毛病的时候，家长们不应当采用责备或是命令的口吻，而应用温和的语气帮助他们分析，提供解决问题的方案。小孩子们容易产生从众的心理，零花钱上过度的限制往往会让他们在与同学的交往中出现不合群，甚至产生自卑的心理。因此，家长们在制订零花钱的标准时，也需要考虑到学生的平均水平，确定合理的范围。

三、初中阶段：学会记账管好钱

步入中学学堂的孩子，往往有点“小大人”的心态。尽管他们的心智还没有完全成熟，但是他们非常希望自己具有独立的个性，并且为社会所认可。对于这个年龄段子女的家长们来说，尊重孩子渴望自我空间的愿望，因势利导地进行财商教育是非常重要的。如果单一地采用限制的办法，控制他们的零花钱，起到的效果反而不尽如人意。家长们还可以带着子女们去接触一些金融服务，不失时机地向孩子们普及一些金融上的基础知识，通过计算和实例的办法，让他们明白不同金融产品之间所存在的差异。

此外，虽然我们说要重视孩子的财商教育，但家长们千万要记住，对孩子从小进行财商教育的目的在于培养孩子一定的理财意识和能力，而绝不是让孩子变成金钱的奴隶，特别是万万不能让孩子形成“金钱至上”的意识，成为一个“拜金主义者”。

“在中国，财商教育是缺失的。”知名培训师、“薪传学堂”创始人王羲侹老师说，早在2001年，美国就已经从法律上强制把财商教育课程加入中小学的课程体系之中，让孩子越早认识金钱、知道金钱的来源和作用，同时培养正确的金钱观念和态度，长大后，他就能够擅长处理金钱事务。王老师告诉记者，“中国的父母一般比较关注孩子的学习成绩，甚至觉得孩子从小接触金钱是一件不好的事情。其实，培养孩子正确的金钱观，能让他受用终身。”

对于财商，大多数人存在误区。一些家长认为，只要教会孩子存钱和用压岁钱理财就能让孩子养成正确的金钱观。如果将“财商”简单地等同于理财或赚钱的能力，是十分片面的，“财商，不仅仅是理财或赚钱的能力，而是对待财富的态度、创造财富的能力和支配财富的方式”。

以犹太人的财商教育为例，有人说，犹太人有着与生俱来的基因和高智商，让他们对金钱极为敏感。其实，犹太人善于经商的很大原因，是他们从小接受财商教育。和中国的家长们习惯给孩子包红包不同的是，犹太家长送给孩子第一份周岁礼物，却是股票，这能让孩子从小接触钱、认识钱，并保持对它的持续关注。犹太家长告诉孩子，劳动是值得尊重的，劳动得来的金钱是可贵的，让孩子知道金钱要通过自食其力来取得。

在犹太家族中，极少会看到“月光族”“啃老族”的现象，而这些现象在如今中国社会中却极为普遍。“在大学普及财商教育为时已晚，我建议孩子在读小学、初中的时候开始分阶段参加财商学习比较合适。”王老师认为，孩子在小学、初中阶段，人生观、世界观和价值观已基本形成，财商课能帮助他们对金钱、理财、投资有更多感性和理性的认识。

在孩子智商教育这件事情上，家长是最肯花血本的。但对孩子财商的教育，大多数家长却缺乏重视。“家里啥事都不用管，只要你给我好好读书”。听听，这个调调是不是很熟悉。在不少父母的眼中，读书是最重要的事情，甚至对孩子羞于谈钱。他们认为，理财消费，是孩子成长到一定阶段自然就会的事，不需要刻意引导。

看到新闻上说，一个初中生打赏网络主播花掉父母打工一年的积蓄；一个小学生请同学吃喝玩乐花掉几万元压岁钱……尽管这些是个例，但在我们身边，确实有一些大孩子不懂得如何正确地花钱。有的花钱如流水；有的盲目攀比；有的大学生成为“卡奴”……要想让孩子今后生活得更好，父母仅仅对孩子在数理化上的投资是远远不够的。教会孩子生活，让孩子拥有一个健康的财商观才是最重要的。这对孩子规划未来人生，将会有很大的帮助。

孩子的财商教育应该提早进行。不少父母会将儿童学走路、学认字的时期看作孩子的认知敏感期，努力为他们创造机会学习相应的能力，但却忽视了孩子财务学习的敏感期。美国威斯康星大学下属的专门研究财务安全和帮助人们构建财务能力的机构——财务安全研究中心近年来的一项研究显示，6～12 岁的儿童对经济问题的理解力会突飞猛进，到大约 12 岁时会“基本成熟”。所以，6～12 岁是对孩子进行财商教育的黄金时间。也有研究人士认为，这个时间段可以开始得更早些。

不同年龄段的孩子在财商教育上的侧重点应不同。我们可以参考一些国外的做法。据了解，美国儿童财商教育的目标要求是：8 岁知道可以通过做额外工作赚钱，知道把钱存在储蓄账户；9 岁能够订制简单的一周开销计划，购物时知道比较价格；

10 岁懂得每周节约一点钱，以便大笔开销时使用；11 岁知道从电视广告中发现事实；12 岁能够制订、执行两周的开销计划，懂得正确使用一般银行业务中的术语；13 岁至高中毕业，能够尝试进行股票、债券等投资活动以及商务、打工等赚钱实践。

只有当关于金钱的教育和现实生活联系在一起，才会令孩子印象深刻。财商教育是一个长期的过程，父母需要在生活中细心观察，抓住孩子的敏感期适当引导。比如，玩储蓄罐游戏时，发现孩子不再想要一角硬币，而是开始想要更多的一元硬币，他很可能对“币值”这个概念有了模糊的认识。比如，在超市，孩子对着两张相邻的价签比大小，他的小脑袋中对交换与价值之间关系的认知很可能开始萌芽了。注意一些细小行为背后涉及的财务概念，有意识地让孩子从小接触消费行为，有助于孩子理财认知的提升。当然，孩子的认知水平还没有达到充分理解、掌握各类理财概念的程度，而且会受到外界消费文化特别是父母理财习惯的影响，所以父母更需要有意识地向他们传递有意义的、理性的信息，从而减少不良影响的干扰。